心は存在しない

不合理な「脳」の正体を科学でひもとく

毛内 拡

SB新書
674

はじめに

誰かを好きになったり、想いがすれ違ったり、傷ついたり、癒やされたり、成長したり、世の中を見回してみると、そんな「心」にまつわる物語が当たり前のように生産され、大量に消費されています。そんな作品を見たり読んだりして、何かを感じているのも私たちの心です。

人々の情感に訴えかけるもの、感動を引き起こす作品は、やっぱりいいものです。そんな時空を超えて多くの人のハートを射止め愛される作品を、いつしか自分も作ってみたいというのは、誰しもが思うことではないでしょうか。

これまで滅入《めい》りそうになりながらも山あり谷ありの人生を生きてきた中で、ある時は心の存在に救われ、「心というのは神様の最高の発明品だな」と喝采《かっさい》を浴びせることもあれば、またある時は、心に振り回されて、「どうしてこんなにつらいのか、心なんてものが存在しなければ、こんなにつらい目に遭わずに済むのに」と、天を睨《にら》みつけることもありました。

もし、突然どこからともなく現れた脳科学者が「心などというものは存在しない、すべては脳が作り出した幻想だよ」とのたもうたら、どんな気持ちになるでしょうか。まず、「心が存在しないんだったら、どんな気持ちもへったくれもないだろう」とつい揚げ足を取りたくなります。

私たちが日々感じているこの世界は、そんなロマンチックなものではない、すべては脳が作り出した幻想です、などと言われたら、こいつは何もわかっちゃいない、冷徹だ、頭のおかしい人だと非難してしまうような気もします。どう考えたって心が存在しているというのは疑いようのない事実でしょう、と。しかし、本当にそうでしょうか。

自己紹介が遅れましたが、私は大学で脳の研究をしている脳科学者です。私は、人一倍心というものに科学的な興味を抱いてきました。その興味が昂《こう》じて、心のありかと言われている脳の研究者にまでなりました。なぜ脳科学だったのか。いい質問です。

心理学や認知科学と呼ばれる心を取り扱う学問分野があることも知っていましたが、「心は存在する」ということを前提としたままでいいのか、ということが私のそもそもの疑問でした。

私が知りたかったのは、本当に心など存在するのか、存在するとしたらそれはどのような〝物理現象〟なのか、ということでした。脳が心の座だというならば、それはどのような脳のはたらきなのかを徹底的に追究したいと思いました。脳も自然科学に属しているものである以上、最終的には、その産物である心のはたらきだって、数式で表現できるはずであるとさえ思っています。

少し捻《ひね》くれて偏った考え方なのかもしれません。あまのじゃくなのは生まれつき。みんなが「ある」と言えば「ない」と言いたくなる性分です。一休さんもびっくりです。現在の当たり前を疑い、未来の当たり前を作っていくのがイノベーションであり、パラダイムシフトではないでしょうか。

本書を手に取ってくれた方の中にはタイトルを見て、おやっと思ったり、もしかしたらお怒りになったりした方もいるかもしれません。昨今は情報過多な社会で、一度に多くの情報を処理する必要があるので、どんなに中身のある文章を書いても、タイトルやSNS上に浮上する最初の数行だけで評価が下されることも多くあります。

私自身、仕事柄論文を〝消費〟していますが、日夜大量生産されるすべての論文を精読するわけにもいかないため、タイトルと要約の数行だけを読んでなるべく正確に内容を摑《つか》み取る技が要求されています。

忙しいみなさんを逆手に取って、なるべく人様の心に火をつけるような、いわゆる炎上を狙ったものも少なくありません。本書も、もしかするとその部類に入るかもしれません。タイトルだけを読んで、以下自分の主張を書きつけるようなニュース掲示板で炎上している様子が目に浮かびます。

それでもどうしてこんな炎上必至の尖《とが》ったタイトルで本を書こうと決意したかというと、昨今SNSなどを見ていると、どうも心というものが過大評価されすぎていて、生きづらい人、傷ついている人、常に悩み疲れている人が多いように思えるからです。

それで仕事や人生がうまく行かなくなってしまった人、あるいは最悪の場合は命を落としてしまう人もいます。それを見聞きして、私は〝心〟を痛めています。

その原因は、「泣くから悲しいのか、悲しいから泣くのか」という標語に代表されるように、心というものが、行為や表情、あるいは身体の変化として読み解くことができるものだという誤解、心を説明する基本的な要素が存在するという本質主義的な考え方にあると考えています。

もし、みんなが心というものの正体について考えるための正しい知識を提供できたら、悩みすぎず、生きやすい人生にするための手助けができるかもしれないと思い、筆を執りました。

本書は別に、頑《かたく》なに「心など存在しない、人類は間違っている！」などというように論破することを目的としているものではありません。脳という臓器のはたらきを理解すればするほど、なぜ生物は、心というものを進化させる必要があったのか、わからなくなります。なぜ人間だけが、心を持ち、心に振り回されているのか。

人類が進化の過程で「心」を手に入れたと言うことは簡単です。もちろん突然変異という現象も存在しますし、創発現象と呼ばれる人智《じんち》を超えた、想像し難いような現象も知られています。あるいはまだ人類の知らない科学的な現象があって、それによって心が生み出されたのかもしれません。その可能性は否定できません。

しかし、ひょっとしたら、「心が存在する」と思っていることの方が間違い、とは言わないまでも、何かちょっとしたボタンのかけ違いが存在しているのかもしれません。ここは一つ、頭の体操として、「心は存在しない」という仮説を立てて、どうしてそう言えるのかを考えてみよう、もしそうだとしたらどのように向き合っていけばいいかシミュレーションしてみようというのが本書の主旨です。

まず、序章では、人類は心をどのように捉え、どのようにして実体があると考えるようになってきたかを振り返ってみましょう。第1章では、心の定義を歴史的に振り返りながら、日本人が心をどのように捉えてきたかまで、広く分析します。第2章では、心を巡って古くから繰り広げられてきた論争の一つである「泣くから悲しいのか、悲しいから泣くのか」を例にとって、心の実体について掘り下げます。第3章では、昨今話題の性格診断などを切り口に、心と性格の関係性を、そして続く第4章では、心と感情の関係性について、それぞれ解き明かしていきます。第5章では、なぜ脳は、現代人が振り回されることの多い心というものを生み出したのか、その大本をたどります。そして終章では、心が存在しないことを人類が受け入れた、「心の時代の次の時代」を想像してみます。そのために今後人類が解明すべき心にまつわる謎についても考えてみましょう。

さらに本書では、冒頭で述べたような心にまつわる物語に触れながら、これまで人類が、あるいは日本人が、どのように心に向き合ってきたのかについて考察します。

特に、従来の心の捉え方を変えてきた作品を取り上げます。前述の通り、心をテーマとした作品が数多く出現し、たくさんの熱狂的なファンを生み出していることからも、私たちは「心の時代」を生きていると言えます。

心の成り立ちも謎、心のはたらきのメカニズムも謎ばかりです。それにもかかわらず、心に実体を感じ、ありとあらゆるものに心を感じてしまう私たちの偏った認知に、人間らしさを感じますし、そこが逆に愛《いと》おしいところでもあります。

科学が発達してきた現代でもなお未解明の部分が多く、確かに心が、宇宙や深海にも匹敵するほど、深淵《しんえん》たるもののように思えてきます。あるいは、単に深く考えすぎなのかもしれません。

ようやく心に関して科学的に取り扱う気運が高まってきたとも言えるでしょう。心に関する科学は未熟です。科学だけが唯一の切り口だとは思いません。色々な切り口で心の謎に迫っていく必要があると思います。本書が、みなさんが心に関して考えるきっかけとなれば幸いです。

アニメやドラマ、小説などで「タイトル回収」という言葉があるように、最後まで読んだ後に、「このタイトルはそういうことだったのか！」と膝を打つような経験を何度かしたことがあります。

いったい何がどうして、何を根拠として筆者は「心は存在しない」と言っているのか、それを主張することで、誰にどんなことを届けたいのか、入試問題さながら、心の中で想像しながら読んでもらえたら、私は〝嬉《うれ》しい気持ち〟になります。

すべては脳のしわざです。さあ、ぜひ一緒に心の謎を解き明かしましょう。

心は存在しない——不合理な「脳」の正体を科学でひもとく ◎目次

第4章 心は感情なのか――129

終章　心は現実の窓 —— 183

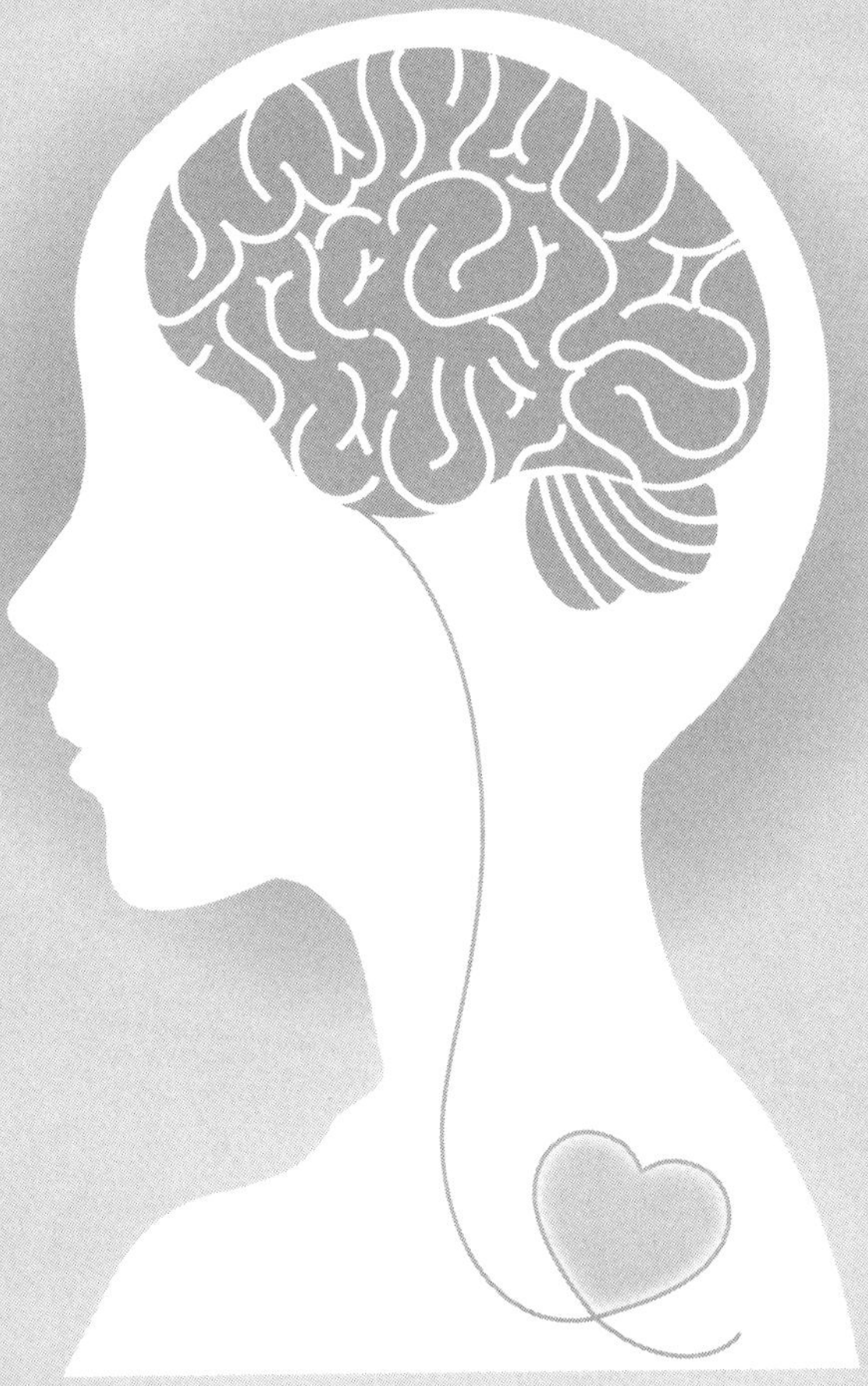

序　章

実は心なんて存在しない？

心のはたらきは、心という実体によるものではなく、脳という臓器のはたらきの産物であるということができます。そういう意味では、「心などというものは端《はな》から存在しない」と言い切ってしまってもいいかもしれません。

しかし、そうは言っても、自分の意思とは無関係に、日々の出来事に一喜一憂したり、傷ついたりしている存在があるような気もします。どうしてそんな気がしてしまうのでしょうか。単なる気持ちの問題、気のせいなのでしょうか。他者との関わりや、アートや映画、小説などの創作や鑑賞を通じて、自分でも知らなかった自分の心の有り様に気づくことがあります。思い出してみてください。小学生の頃から、「この時、登場人物の心情はどんなものだったでしょう」とか「この時の作者の気持ちを述べよ」というように、健全な人間関係や社会生活を営む上で他者の心の機微を読み解くというのは重要な課題でした。私たちは生まれてこの方、「心の時代」を生きていると言っても過言ではないのかもしれません。

本章では、そんな心の時代に人類が積み重ねてきた心についての知見をつぶさに見て検証していきます。

一般的な心の解釈

「心」と聞くとどんなものを思い浮かべるでしょうか。

時にはハートの形をしていて、互いに受け渡しできるような具体的なものとして描かれます。またある時は、ぼんやりとして摑みどころのない、頭の中や後ろ側にフワフワと浮いていて、吹けば飛んでいくような脆《もろ》くて儚《はかな》いものとして理解されます。

このように、心は身体とは切り離されて存在する、独立した別物であると捉えられがちです。場合によっては、〝自分〟とは無関係で制御不能な、厄介な存在と諦めている人もいるかもしれません。あれ、自分っていったい何なのでしょうか？

心のはたらきには、なんとなく脳が重要だとは多くの人が感じていることでしょう。つまり、すべてはこの硬い頭蓋骨の中で起こっているのです。

実際、機能的ＭＲＩ（Magnetic Resonance Imaging：磁気共鳴画像法）と呼ばれる脳スキャン技術では、人が喜怒哀楽を感じている時には、特定の脳の部分が活性化することが示さ

心とは何か？

れています。また、PET（Positron Emission Tomography：陽電子放出断層撮影）を用いると、脳内での血流や代謝の変化を可視化することで、脳の機能的な活動を詳細に把握することが可能となります。

〝頭〟ではそうわかっていても、何かつらく悲しい出来事があると、胸が締め付けられるような想いがしたり、緊張や興奮で気分が高まったりすると心臓がバクバクと早鐘を打ったり、気分がどんよりしている時は下腹部の辺りがズーンと重く感じたり、むしろ身体の反応を通して心を感じることが多いというのも事実です。

一方で、頭や脳はむしろ何かを考えたり、計画を立てたり、理性的に判断したりする時に使うもので、心や感情とは真逆のはたらきをしていると思う時さえあります。とは言うものの、我を忘れて怒り狂っている時には、頭に血が上り、しまいには「頭を冷やせ」と言われることもあります。

心には実体がなくて摑みどころがないというのは、心のありかと思われる場所が、ある時は頭、または胸の辺り、ある時は下腹部など、時と場合によってコロコロと移り変わるからかもしれません。

逆の現象もあります。これまでとても緊張していたのに、目の前にいる人はカボチャだと思い込んだ結果、緊張がすっと引いたというようなケースです。マインドフルネス瞑想《めいそう》をすると、免疫力が上昇したり、血圧が下がったりするなど、心身の健康に良い影響があることが示されています。

反対に、心理的なストレスを感じると、さまざまな異変が身体に生じます。かく言う私も、論文が審査を受けている間は、その結果が気になって仕方がなく、心が休まらない状態になります。不眠や過食だけでなく、顎関節症《がくかんせつしょう》になったり、味覚障害になったりと散々な目に遭ってきました。興味深いのは、論文が晴れて無事受理されて、ストレスが過ぎ去るとこれらの身体症状も自然と消え去っていくことです（増えた体重はなかなか元に戻りませんが……)。このことからも、心と身体は一体であることを強く実感します。

一般的には、身体を怪我したら外科を受診し、内臓が病気になったら内科を受診します。しかも、心臓に問題があったら循環器科、消化器官に問題があったら胃腸科や消化器科など、どこが悪いかで、かかるべき専門の診療科は異なり、細分化されています。

同様に、物忘れや頭痛がひどくなったら脳神経内科を受診しますが、心に不安を抱えた場合は、心療内科や精神科を受診します。「最近、理由もなく不安だから、歯医者を受診したい」なんて言ったら、まず追い返されますし、「頭がおかしい」と思われるのが関の山です。これは、現代医学でも、心を身体の他の臓器とは分けて取り扱っていることを示しています。

ただし、最近の研究では、思わぬところに心の問題の解決策があるかもしれないことが示唆されています。たとえば、「最近、理由もなく不安だから、歯医者を受診する」という行動が、実は意味がある可能性があります。これについては、後ほど詳しく説明します。

心と身体の関係は、長い間議論されてきた深い問いです。心は身体と一体なのか、それとも完全に切り離して考えることができるのか、この問いに答えることは容易ではありません。

心って何?

心のはたらきと脳にはどのような関連があるのでしょうか。心は脳のはたらきの副産物ですと言われて、「なるほど、合点。目から鱗《うろこ》! 腑に落ちました」という人は少ないと思います。

心もフワフワしているし、脳も捉え所がないし、余計わからなくなりそうというのが正直なところではないでしょうか。一方で、「心は謎のままでいい」「科学で説明してほしくない」という声があることも確かです。

脳は確かに捉え所がなく、難しいものという印象ですが、研究すればするほど、肝臓や腸と同じく臓器の一つだと考えられます。肝臓が薬やアルコールを分解したり、エネルギーを貯蔵したりする臓器、腸は消化・吸収を担う臓器などと役割分担をしているように、脳にも役割が割り振られています。

脳ははたらきもので、たくさんの仕事をしているためややこしいのですが、心のはたらきを生み出すのは、脳に与えられた仕事の一つに過ぎないのです。

とは言え、脳科学が脳のすべてのはたらきを解き明かしているかといえば、まったくそんなことはありません。むしろわかっていないことの方が多いのが現状です。

心理学や医学の研究は、人類と共に歩んできた長い歴史を持ちます。一方で、脳を科学的に研究する取り組みが始まったのは、つい最近のこと。脳の研究は、実はまだ始まったばかりと言っても過言ではないくらい、幼い学問なのです。

脳と心のはたらきの関係が科学として取り上げられるようになったきっかけの一つは、1848年に起こった「フィニアス・ゲージの事故」が有名です。簡単にご紹介しましょう。

アメリカの鉄道会社で、鉄道を敷設するための工事現場で爆発事故が起こり、長さが1メートルもある6キログラムの鉄棒が吹き飛び、責任者としてはたらいていたフィニアス・ゲージの頭部を貫きました。

幸い彼は一命を取り留めましたが、その後の人生は大きく変わってしまいました。彼は、現場の責任者として、非常に人望の厚い人物だったと言われていますが、事故後は、計画性のない野蛮で下品な人物になってしまったそうです。

この時、彼が損傷した脳部位は、前頭前野と呼ばれる、おでこの裏に位置する脳の前側の一部です。この部位は、他の動物と比べて、ヒトで最も発達している部位と言われ、理性や計画性はもちろん、人間らしい心のはたらきに重要な役割を果たしています。ゲージは、ここに傷を負ったため、性格が変化してしまったと考えられます。

このことをきっかけの一つとして、脳と心の関係についての研究がスタートしました。心の科学は、哲学や心理学が先行していましたが、現在は急ピッチで、それらがどのように脳で実現されているのかが明らかにされているところです。とは言え、脳科学が始まってからまだ150年強ほどしか経っていないのも事実です。

一方、心のはたらきが脳のはたらきの副産物だとしてもうまく説明がつかないのが、意識の問題です。意識といっても、寝ている・起きているという際の意識ではなく、「私が私だと思う」という自己意識や主観の問題です。

1994年に、オーストラリアの哲学者であるデイヴィッド・チャーマーズが提唱した「意識のハードプロブレム（難問）」では、脳という臓器からどのようにして主観的な意識体験が生まれるのかを問題としています。

たとえば、ぼんやりと考え事をしながら自動車を運転しているところを想像してください。ハッと気づくと目の前の信号が赤であり、驚いて急ブレーキをかけたとします。

この時、驚きと恐怖に、心拍が上昇したり、冷や汗が噴き出たりします。そもそも、赤信号だと気づいたのは、目がその光を捉えたからであり、急ブレーキをかけたのは、脳が判断し、運動神経を通じて筋肉に指令を出したからと説明することができます。

しかし、赤信号の「赤い感じ」やあなたが感じた恐怖や驚きの感覚は、言葉で説明しようとしても難しいもので、極めて主観的な感覚となります。このような現象は、内的表象と呼ばれたり、赤い色がもたらす「赤さ」という質感は「クオリア」と呼ばれたりします。これらは、現代の脳科学や物理学では説明が難しいとされており、「ハードな問題（プロブレム）」と呼ばれています。

以上のように、脳の中にさえ心の実体は存在せず、脳活動や身体のはたらきのダイナミックな相互作用の結果として捉える立場もあります。さらに、心のあり方や考え方が、脳の回路を書き換えたり、それによって身体の状態を変えたりすることもあります。

例として、頭や身体の一部が痛いという人に、単なるビタミン剤を処方すると痛みが消えたり、元気になったりすることが知られています。これは「プラセボ効果」として知られており、心の期待が身体的な改善を引き起こすこともあるという事実を示しています。

逆に、患者が薬に対して、「どうせ効かないだろう」「悪影響があるのでは」などという否定的な期待を持っている場合に、単なるビタミン剤であっても、身体や心に不快な症状を引き起こすことも知られています。これは、「ノセボ効果」と呼ばれています。

心は脳のしくみに過ぎないという研究が盛んになってきてはいるものの、やはり心の問題は一筋縄ではいかない複雑な問題です。神秘性を感じてしまうのも無理のないことと思います。脳科学が未熟な学問であることを念頭においた上で、今後の心理学や哲学、物理学の発展が、心の理解に不可欠です。

副産物としての心

さて、ここまで、脳機能の副産物として心を捉え直してきましたが、ひとくちに心のはたらきといっても多様なものです。また、脳科学の教科書を見るとわかる通り、脳科学の知見は膨大で、これを読破するまでに挫《くじ》けそうになります。

脳の４つの機能

（１）認知機能	知覚、注意、記憶、思考と推論、言語
（２）情動機能	情動（エモーションという英語に対応する）、感情
（３）社会的機能	共感能力、社会的認知、コミュニケーション
（４）自己認識	自己の存在や状態についての認識・評価

ここでは逆に、「心」という切り口で、脳のはたらきについておおまかに整理します。詳細については第1章で取り上げます。

心というと、真っ先に喜怒哀楽が思い浮かびますが、確かにそれも機能の一つです。心のはたらきに深い関係がある脳の機能は、（1）認知機能、（2）情動機能、（3）社会的機能、（4）自己認識の四つに分類できます。一つずつ見ていきましょう。

まず、「認知機能」には、知覚、注意、記憶、思考と推論、言語が挙げられます。知覚は、外界からの刺激を感じ取り、解釈する機能のことで、いわゆる五感（視覚、聴覚、嗅覚、味覚、触覚）などが含まれます。

注意というのは、叱られるという意味では

なく、特定の情報に焦点を当て、他の情報を無視する能力のことです。

有名な心理学の現象として「カクテルパーティー効果」があります。ほとんど音が聞き取れないくらいガヤガヤした環境でも、自分の名前や自分に関連することを誰かが話していると、不思議と聞こえてくるというものです。

これらは、「選択的注意」と呼ばれる現象で、私たちの脳は、どの情報に注意を向けるかを非意識的に取捨選択していると言えます。指揮者がオーケストラの中から、ある特定の楽器の音だけを聞くことができる能力もこの一種です。

心のはたらきを脳科学の観点から理解するにあたって、記憶について正しく理解しておくことは大変重要です。詳細はまた後ほど説明しますが、結論から言うと、「記憶と記録は異なる」ということを心に留めておく必要があります。

私たちは、コンピューターやスマホに慣れているので、記憶もあたかもメモリのように脳のどこかに保存されており、そのまま取り出せるはずと思っていますが、実は違います。記憶は、思い出すたびにゼロから作り直しているといっても過言ではありません。また、ひとえに記憶といってもさまざまな種類があることも示されています。

思考と推論には、問題解決、意思決定、論理的思考、批判的思考などのプロセスが含まれています。またこの能力には、言語を理解し、使用する能力――話す、聞く、読む、書くスキルが密接に関わっています。私たちがこうして読書をして楽しめるのも、これらの能力のおかげです。

次に、情動という言葉は、エモーションという英語に対応する言葉です。感情と情動はどう違うのかと思うかもしれませんが、まったく異なるものです。

教科書的には、「感情はより複雑なものであり、快・不快、嫌悪、忌避のように、昆虫から人間まで共通して持っている基本的な感情のことを情動と呼ぶ」とありますが、この説明は正確でないように思います。情動というのは極めて生物学的な現象であり、確かにあらゆる生物で共通して持っている普遍的な経験です。

これに対して、この情動経験を知覚した際に、記憶や文脈に照らして適切な表出を選択した結果を「感情」と呼んでいるに過ぎないと言われています。

脳は、これまで思われていたような、叩《たた》けば反応が出てくるようなブラックボックスではありません。この点が、脳と心の関係の理解を難しくしているように思えます。これについては、第2章で詳細に取り上げます。

さらに、「社会的機能」も、心の発達と機能には欠かすことのできない能力です。たとえば、他者の感情や視点の理解に関与する共感する能力も、脳が行っているものです。

また同様に、他者の意図、信念、欲望を推測し、社会的相互作用を理解するプロセスである社会的認知や言語的・非言語的手段を通じて、他者と情報を交換する能力であるコミュニケーションも重要です。

残念ながら、現在までの脳科学は、技術的な制約のため、個体内での脳のはたらきにスポットを当てたものが多く、社会性の研究には限界がありました。社会性の科学的研究は、社会心理学が先行しており、人と人が相互作用する時、あるいは集団になった時に現れる面白い現象が多数報告されています。

たとえば、自己評価が他者の存在で変わりうることは日常でもよく遭遇するでしょう。SNSで「いいね」を求めるのも、承認欲求や社会的つながりを求めるがゆえです。

さらに、この他者がどのようなグループに属しているのか、あるいは社会的地位を持っているのかで、私たちの行動や考え方まで影響を受けることもわかっています。心の社会的側面の理解がいかに多面的であるか、うかがい知ることができます。

最後に、自己の存在や状態について認識・評価する能力である「自己認識」が重要です。この自己認識は、自我意識や主観的な体験、意識の連続性に関わっており、知覚や記憶とも密接に関わっています。「なぜ自分は自分であるのか」という認識には、記憶の連続性が欠かせません。また、社会的機能のためには、自己の思考、感情、動機に対する深い考察や分析である内省が非常に重要になってきます。

たとえば、脳がぼーっとしている時にはたらく脳神経回路である「デフォルトモード・ネットワーク」と呼ばれる複数の脳部位が、自己に関する情報処理にも関与していることが知られています。

確かに、ぼーっとしている時は、だいたい過去の後悔か将来への不安について想いを馳せています。これ自体は、将来により良い結果を得るために重要なはたらきだと想像できますが、これが行き過ぎると反芻《はんすう》思考と呼ばれるグルグル思考状態に陥り、病んでしまうことにつながります。

このように私たちが普段心のはたらきとしてぼんやり思っているものも、認知機能、情動機能、社会的機能、自己認識の四つの脳の機能の副産物として理解できそうだとわかりました。

ここまでが基本的な理解となります。さらに本書では、心＝自己意識（第2章）、心＝性格（第3章）、心＝感情（第4章）、心＝ストレス応答（第5章）、そして心＝現実（最終章）

というように分解して考察を進めていきましょう。

次章では、我々日本人を含めて、人類が心というものをどういうふうに捉えてきたか、その歴史を簡単におさらいしてみたいと思います。

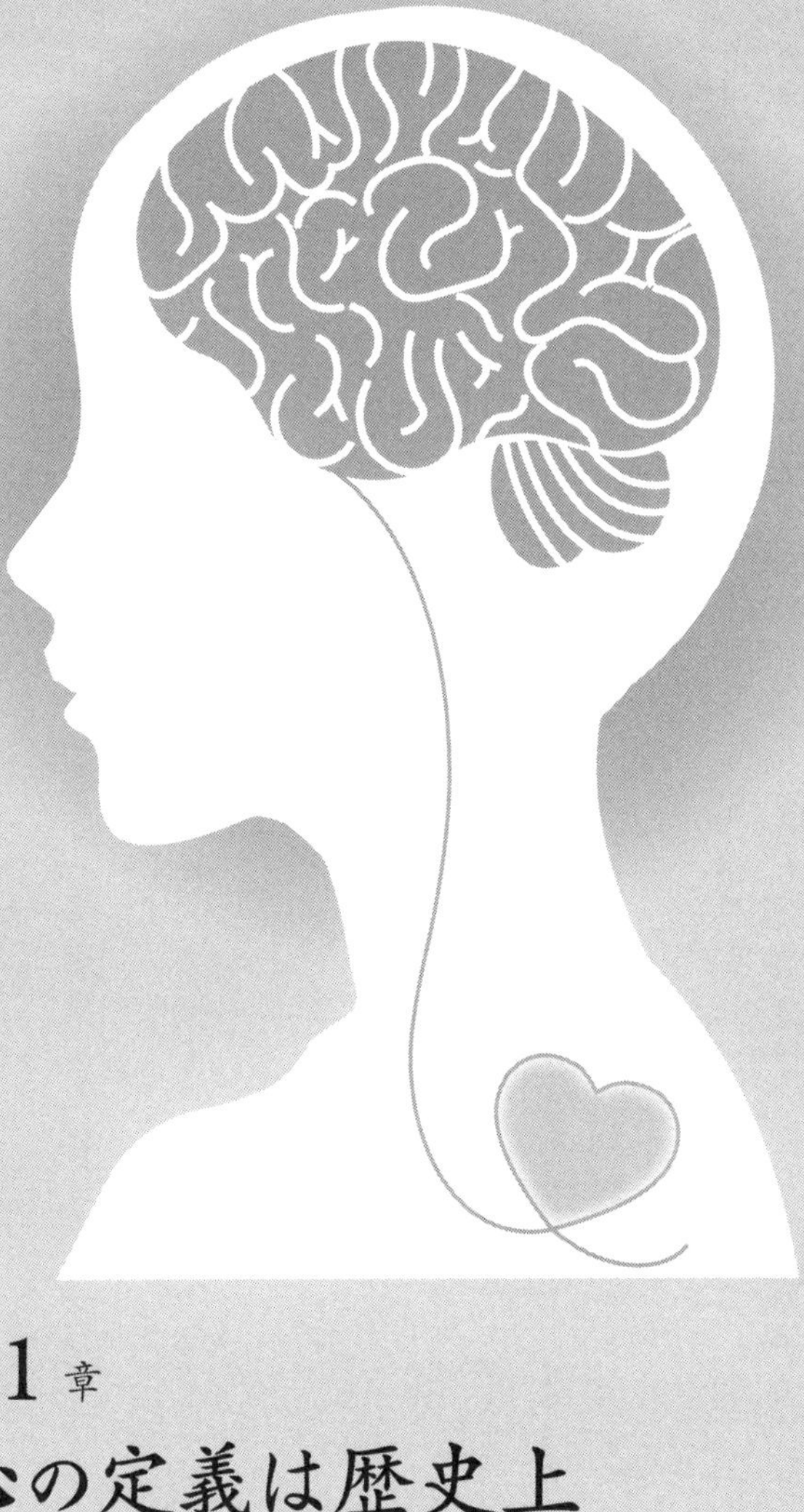

第1章

心の定義は歴史上どう移り変わってきたのか

脳科学の最新の知見のお話をする前に、少し話を戻して、そもそも人類はどのようにして心が存在すると思うに至ったのかについて振り返ってみましょう。

古代から人々は、心を表現するために、内臓に関連した言葉を使ってきました。

たとえば、ギリシャ語の「スプランクニゾマイ（σπλαγχνίζομαι）」は、他者の苦しみに深い共感や憐れみを覚えるという意味を持ち、新約聖書ではイエス・キリストが人々の痛みに対してこの深い感情を抱く様子を表すのに使われています。

この言葉は、内臓が動かされるほどの強い感情を示し、古代人が心や感情の座を身体の内部、特に内臓に見ていたことを反映しています。日本語にも「胸が痛む」や「肝が据わっている」といった表現があり、これもまた感情や心理状態を内臓を通じて表現する古代の智慧《ちえ》を受け継いでいます。

ギリシャの哲学者は、心＝魂の存在について議論していました。魂というと、現代の我々からすると、白い塊のようなものが、しかも口とか頭のてっぺんから離脱していくような実体としてイメージされます。

あるいは、『攻殻機動隊』シリーズでは、「ゴースト」と呼ばれる、意識にはのぼらないが、裏から自分を操っている実体のようなものとして描かれています。

このように、魂や心には実体があるという考え方は、イデア論で有名な、あるいは「プラトニック・ラブ」の言葉の由来としても有名な、古代ギリシャの哲学者プラトンの説が基になっていると考えられています。

プラトンは心を不滅であり、肉体から独立した実体と考えました。彼は心を三つに分けて考え、理性（知）、情熱（情）、欲望（意）としました。このような考え方は、未だに色濃く残っていて、よく車にたとえて、ブレーキ、エンジン、アクセルのように理解されています。

他方、プラトンの弟子のアリストテレスは、魂や心には実体などというものは存在しないと考えました。

心は生物が持つ本質であり、これによって生命活動（栄養摂取、成長、運動、感覚、思考）を可能にする原理であると述べました。魂には、植物的なもの、動物的なもの、そして人間的なものがあると、アリストテレスは考えていたようです。

ところで、この二人は対比されることが多くあります。

たとえば、脳科学や心理学でも昔から大きな問題だった「生まれか育ちか」についてもまったく異なる見解を示しました。それをよく表しているのは、イタリアの画家、ラファエロ・サンティが残した有名な絵画「アテナイの学堂」の中心に描かれた二人の姿です。

一方が天を指差しているのに対し、もう片方は手のひらを地面に向けています。諸説ありますが、天を指差している（理想主義的）のがプラトンで、手のひらを地面に向けている（現実主義的）のがアリストテレスだと言われています。この流れは、後にキリスト教と相まって、観念論哲学と経験論哲学へと分岐していくことになりました。

ローマ時代には、キリスト教の影響により、脳は「魂」の宿る神聖な場所だから安易に研究をしてはいけないという風潮が強まったため、脳の研究は大幅に後れることになります。その影響は、１８００年代後半まで続くことになります。

ラファエロ・サンティ「アテナイの学堂」

三位一体脳と心身二元論

これまで多くの哲学者や思想家が、心の問題について取り上げてきました。彼らの時代には、現代脳科学の知見がなかったにもかかわらず、その考え方の真髄や理論は今日でもなお支持され、未だに多くの議論の礎となっています。

たとえば、デカルトは、１６３７年『方法序説』の中で、徹底してあらゆるものを疑った結果、疑っている私自身は疑えないという洞察から、「われ思うゆえに我あり」という有名な言葉を言ったとされます。現在この言葉は独り歩きして、あらゆる文脈で引用されています。

しかしこれは現在でも、心身二元論を代表する考え方として多くの人に誤った解釈を植え付けており、心と身体を別物として考えるという根強い考え方ゆえに、どれだけの人が悩み苦しめられているかと思うと、非常に罪深い言葉のように思えてなりません。

「われ思うゆえに我あり」というのは、自己に関して本質があるかのような非常に本質主義的な考え方です。しかし、まだ疑う余地はあります。第3章ではさらに一歩進んで、「私」ですら疑わしいと考え、深掘りしていく予定です。

少し脳への理解が進んだ頃、1960年代に、アメリカの神経科学者ポール・D・マクレーンは、この流れを汲んで「三位一体脳」というアイディアを提唱しました。

つまり、人間の脳は「原始的で本能的な脳」と「感情的で動物的な脳」そして、「人間らしく理性的な脳」の3つからなっているという説です。

したがって、「近代文明人たるもの、感情的で動物的な〝古い〟脳（辺縁系）を抑制し、理性的に振る舞うべき（前頭葉）である。なぜなら、それは神がそう作ったから……」と続くわけですが、三位一体というあたり、キリスト教的な要素が色濃く含まれています。

この説は、現在では間違っている、つまり辺縁系は決して〝古い〟脳ではなく、さらには、前頭葉は必ずしも合理的でないことがわかっています。

中には未だにこれを信じている人もいるかもしれませんが、これは誤解なのです。

実験的心理学のはじまり

心のはたらきを実験によって科学的に取り扱おうという試みは、1800年代後半にドイツの心理学者ヴィルヘルム・ヴントによって始められました。彼は今では、「実験心理学の父」とも呼ばれています。世界初と言い伝えられている心理学実験は、次のようなものです。

球が地面に落ちたのが聞こえたら合図するという実験で、音が聞こえたら即座に合図する場合と、音が聞こえたと「自分で気づいてから」合図するのとでは、反応速度がどれくらい異なるかを比べるというものです。

実験の結果、音が聞こえてから、さらに自分で確かに音が聞こえたと理解するまでは0・1秒ほどの誤差があることがわかりました。単に音が聞こえただけでなく、音が聞こえていることを自覚するまでには、余計に時間がかかるのです。これが心のはたらきによるものであるとヴントらは考えました。

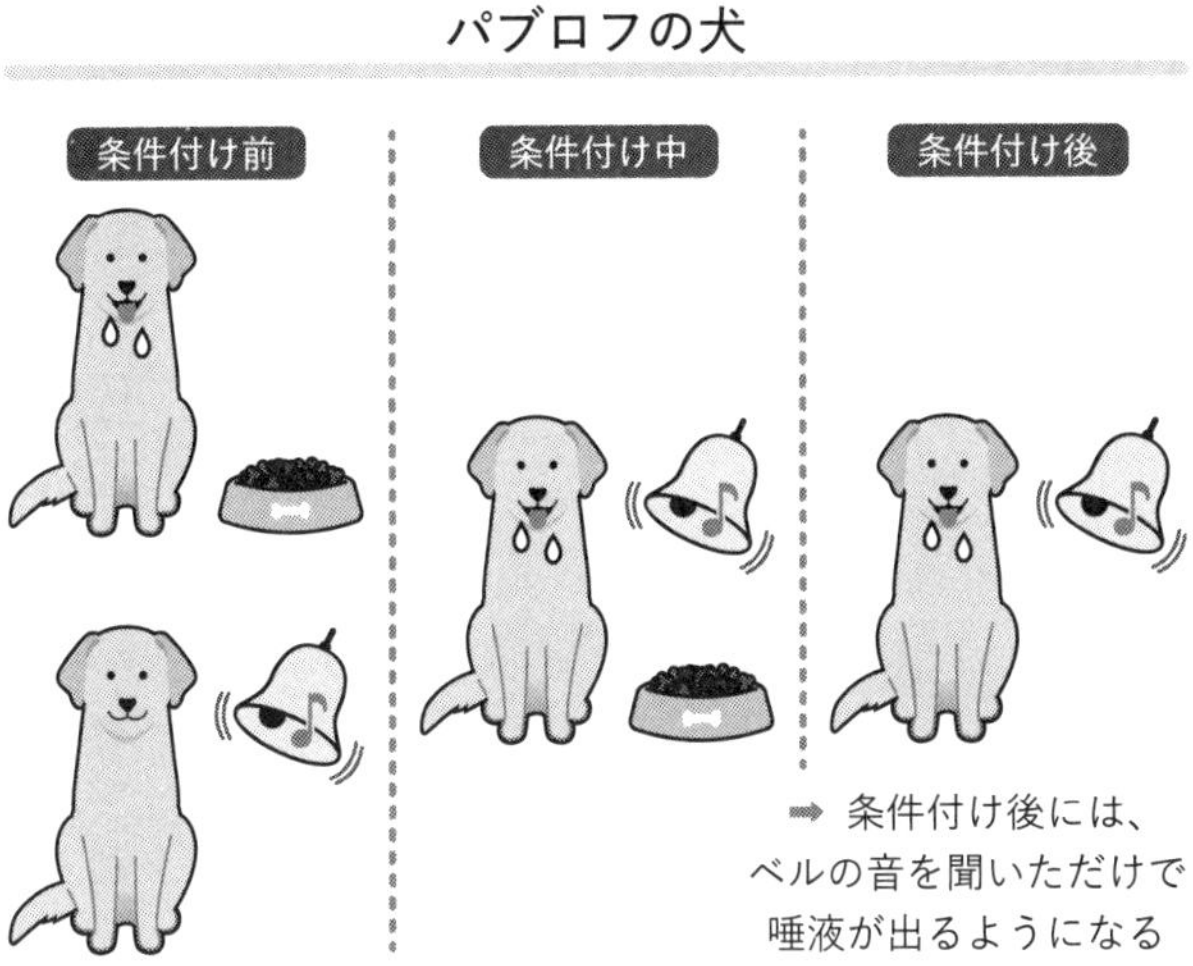
パブロフの犬
条件付け前
条件付け中
条件付け後
➡ 条件付け後には、
ベルの音を聞いただけで
唾液が出るようになる

次に始まったのは、ジョン・B・ワトソンやB・F・スキナーに代表される「行動主義」と呼ばれる研究です。つまり、ヴントが試みたように、感情や思考のような心のはたらきを直接観察する方法はないが、その結果である行動なら観察することができることから、行動を重要視しようというアイディアに基づいています。

最も原始的な学習の方法は、「条件付け」と呼ばれています。このような学習方法は、脳がない生物でも起こる非常に単純なものです。中でも有名なのは、「パブロフの犬」として知られているレスポンデント条件付けです。古典的条件付けと呼ばれることもあります。

たとえば、飼っている犬の食事の直前に、必ずベルの音を聞かせて学習させます。そうすると、犬にとっては、ベルが食事の合図となり、唾液が出始めるのです。このような条件付けを何度か繰り返していると、いつしかベルの音を聞いただけで唾液が分泌されるようになります。

他にもよく知られている脳の学習には、オペラント学習と呼ばれるものがあります。この学習は、たとえば、このスイッチを押せば必ず電気がつくというような経験から作られる一種の予測であり、自分のした行動が外界に影響を与えるという実感のことです。

古典的条件付けは、外界からの影響で自分自身が変化するという受け身の反応でしたが、こちらは能動的な経験になります。

この学習が成立する秘訣は、自分がした行動の直後にその結果が表れるということです。自分が何かをする前に結果が起きてしまったり、自分が何かをしたずっと後に何かが起こっても、それが自分がした行為の結果と解釈するのは難しくなります。

たとえば、ゲームが面白いのは、自分がコントローラーを操作した結果が即座に、画面の向こう側のキャラクターに反映されるからです。もし、ボタンを押した後、1時間してからようやくキャラクターがジャンプしたとしても、この二つの間に原因と結果を結びつけるのは難しくなります。

私たちは、自分の行動は自分で選び取って、自分の意思でしているような気がしていますが、このような単純な学習に支配されているという事実もあるのです。

心＝自己意識の真相をめぐる

「私たちの心は、ただ目に見える行動や言葉だけでなく、意識の下層にある無意識のはたらきによって大きく影響を受けている」というのが、オーストリアの心理学者ジークムント・フロイトらの理論の大枠です。

この考え方は、当時大隆盛を極めていた「行動主義」と呼ばれる心理学の分野に対するアンチテーゼでした。行動主義では、人間の心を測る方法はないため、刺激とそれに対して観察可能な外部に表出する行動や表情などから、人間の心理を説明しようとしました。

エゴ、イド、スーパーエゴ

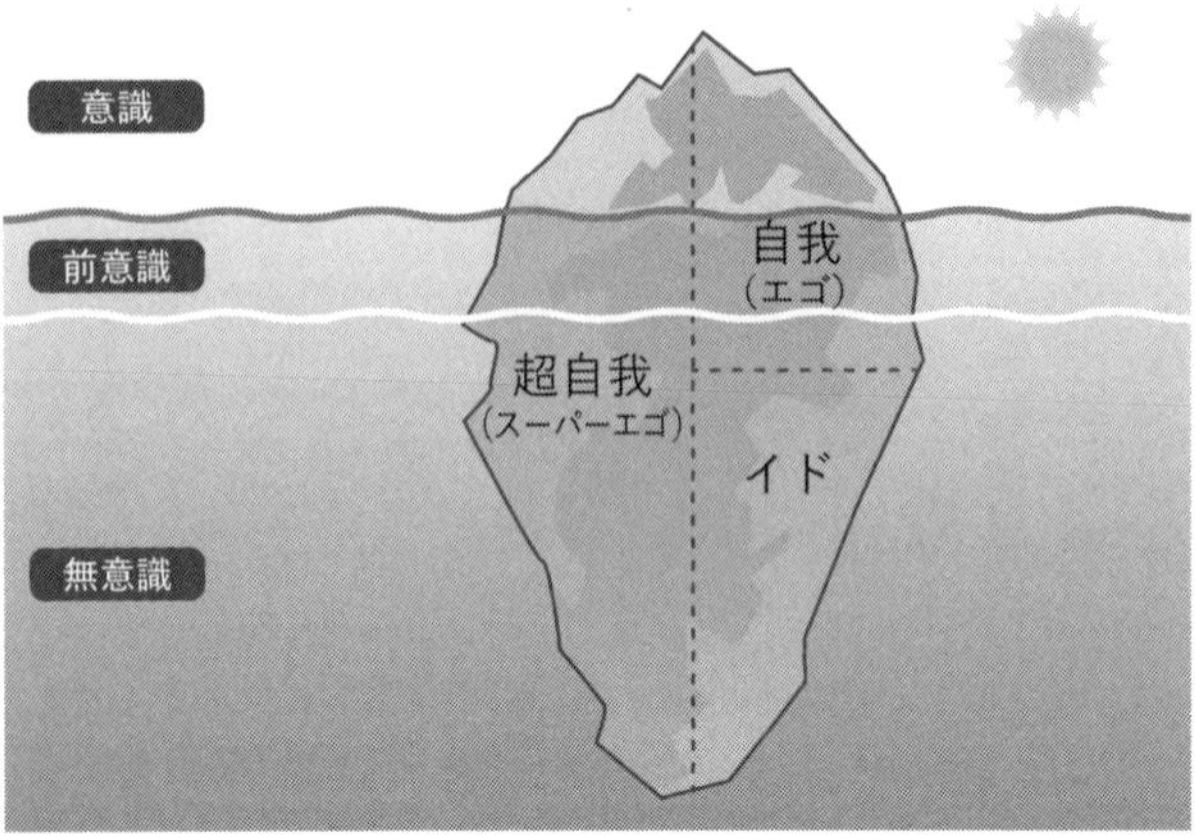

しかし、脳は叩けば何かが出てくるような単純なブラックボックスではありません。

フロイトの理論によれば、私たちの精神活動は、意識的な部分である「エゴ（自我）」、無意識的な本能的欲求である「イド」、そしてこれらを制御しようとするモラルの声である「スーパーエゴ（超自我）」によって成り立っています。

この三者の相互作用が、私たちの心を形成し、行動を決定づけると考えました。車にたとえれば、イドがアクセルで、エゴはハンドル、スーパーエゴはブレーキということになります。

フロイトの自己意識と無意識はよく氷山の一角にたとえられます。つまり、今現在私たちを突き動かしている衝動は、実は自分でも説明がつかない過去の遍歴から生まれてくると考え、それを「無意識」と呼びました。

また、重要な考えとして、意識しようと思えばできるが意識にはのぼらない「前意識《ぜんいしき》」、さらには「自己意識」、つまり自我や超自我であっても自分ではコントロール不可能な部分があるとされました。

たとえば、自分でコントロールできない自我は、自分を守る防衛の役割を果たしています。これを「防衛機制」と言います。

これには、抑圧や昇華、同一化、合理化、反動形成などがあります。これらの概念は、日常生活でもよく見かけるもので、私たち自身が経験していることも多いはずです。

実は、私の研究の原点は、この防衛機制にあります。フロイトの娘、アンナ・フロイトによって体系化されたこの理論は、生物学と心理学と脳科学を横断的に理解する手掛かりになるのではと思い、特に興味を惹かれました。

これらの防衛機制や欲望の管理は、ストレスに対する適応に関連しています。

私たちがストレスを感じた時、自分を守ろうとする防衛機制がはたらきます。したがって、心を感じるしくみを理解するためには、私たちの脳と身体が持っている「ストレス応

自分を守る防衛の役割を果たす「防衛機制」

防衛機制

自分が傷つくのを防ぎ
自分を維持しようとする
自分を守るための心の動き

自分を守る心のしくみ

抑圧
嫌なことを思い出さないように無視すること

昇華
本能や攻撃をより良い欲求に置き換えること

補償
コンプレックスを感じている以外で優位に立ち、劣等感を和らげようとすること

退行
幼児返りをして年相応の責任を免れること

投影
自分の気持ちを相手に映すこと

隔離
トラウマ記憶を切り離すこと

否認
強い憎悪などの気持ちを認めないこと

打ち消し
正反対の行動などで打ち消そうとすること

逃避
強烈な不安から逃げ出そうとすること

置き換え
ネガティブな気持ちを別のことに置き換えること

知性化
知的思考で感情の不快感をコントロールすること

合理化
もっともらしい理屈をつけて言い訳すること

反動形成
本当の気持ちとは正反対の行動をとること

答」について理解を深める必要があります。これについては第5章でじっくり考えます。

フロイトの理論は、現代心理学、特に精神分析学においても、未だに色濃く残っています。無意識の概念、幼少期の体験の重要性、性的な発達の段階、そして夢解析は、今日の臨床心理学やカウンセリングの現場でも引き続き重要な役割を果たしています。

しかし、フロイトの理論は決して完璧ではありません。性的な要素に過度に焦点を当てたことや、一部の概念が科学的な証拠に基づかないことなど、批判も少なくありません。それでも、心というものを深掘りする上で与えた影響は計り知れないものがあります。

集合的無意識とはどのような考え方か

その後、人間の行動や意識的な思考の原動力は、単に性欲や攻撃性などの衝動に基づくものではなく、より高尚な動機や他者との関係性にも基づいているという考えが発展しました。

たとえば、アドラー心理学の創始者アルフレッド・アドラーの理論は、フロイトの理論に根本的な異議を唱え、人間の心理を理解する上で幼少期の性的体験よりも、幼少期の「社会的な緊張状態」が重要だと考えました。

人間の行動の多くは、幼少期に感じた劣等感やコンプレックスを克服しようとする努力から生まれるとされます。この劣等感を乗り越え、自己実現を目指す過程が、我々の心の形成に大きく影響するというわけです。

一方、スイスの心理学者カール・グスタフ・ユングは、フロイトの精神分析学から分岐し、人間の心理を探究する中で、個人の無意識だけでなく、人類共通の無意識領域、つまり「集合的無意識」の元となる存在を提唱しました。

これは、文化や時代を超えて共有されるイメージの元型、神話などが含まれているとされるものです。人類が共有する特定の神話やイメージには、「英雄の旅」や「大いなる父や母」などの元型が、集合的無意識の中に存在すると考えられています。

たとえば、映画『スターウォーズ』は舞台こそ宇宙ですが、一人の主人公が、ひょんなことから冒険に巻き込まれ、神託を受け、賢者と出会い、仲間と協力しながら試練を乗り越え、大きな敵と対峙するというストーリーです。このようなストーリーは、洋の東西を問わず多く見られ、展開や結末がわかっていても大ヒットします。我が国でも『千と千尋の神隠し』などの宮崎駿《みやざきはやお》作品、鳥山明《とりやまあきら》の『ドラゴンボール』、尾田栄一郎《おだえいいちろう》の『ONE PIECE』などのアニメも大体似たような展開で進んでいきます。

これらの元型は、異なる文化や地域にもかかわらず類似していることが多く、人類普遍の体験や感情から生まれるものだとされています。

これを「ミーム」と呼ぶこともありますが、これは社会心理学や進化心理学的な視点からの解釈になります。つまり、集合的無意識は生物学的なものではなく、文化的・社会的な継承を通じて形成されるものと言えます。

このように非常に強く継承されていく文化的な性質を、フランスの人類学者であるダン・スペルベルは「文化的アトラクター」と名付けています。アトラクターというのは、惑星の引力のように、多少軌道から外れてもそこに戻っていく、非常に復元力の強いものというような意味です。

また、1980年代には、ジェフ・グリーンバーグ、シェルドン・ソロモン、トム・ピジンスキーらによって、「存在脅威管理理論」という概念が提唱されました。これはつまり、死や死に関連する不安が、行動や思考の原動力になっているというものです。

生物に一貫して存在するコンセプトがあるとしたら、私はそれが、内部環境を一定の状態に保ち続けようとする「恒常性（ホメオスタシス）」にあるのではないかと考えています。第5章では、「変わらないために変わり続ける」という生命の根源的なダイナミクスから、この集合的無意識について考察してみたいと思います。

日本人は心をどのように捉えてきたか

我が国でも、心を題材にした古典が多く登場しますが、たとえば『源氏物語』などの「もののあはれ」という言葉に代表されます。これは現代風に言えば「エモい」ということであり、それについて深々と考察するというよりは、それはそういうもので、「ああしみじみだなあ」とその情感を楽しんだり、悲しんだりしていたようです。

また、いい歳をした大人が結構さめざめと泣いていたり、豊かな感情表現をしていたよ

日本人が独自に理解を深めてきた心の正体「九識」

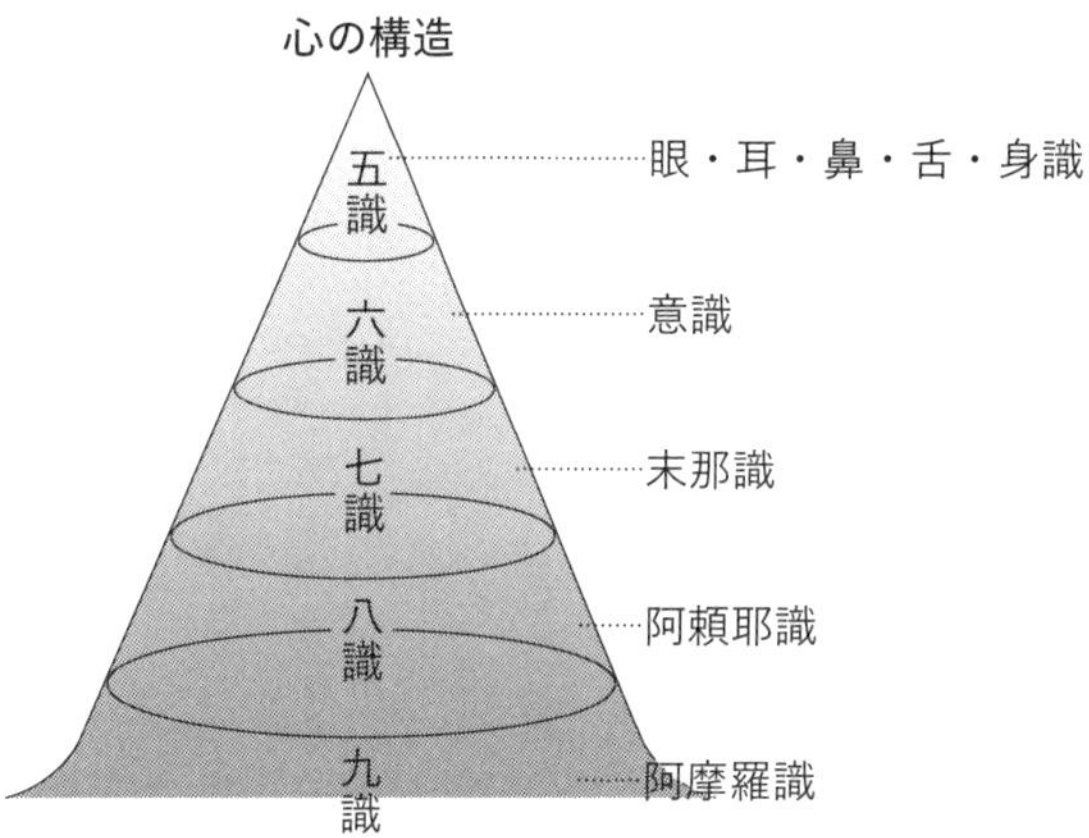

うに思えます。

「五臓六腑に染み渡る」だとか、「はらわたが煮えくりかえる」などという表現があるように、情感というのは全身で特に内臓感覚として感じていたのだと理解することができます。

仏教では、より理性的な心のはたらきのことは「識《しき》」と呼んで区別していたようです。特に興味深いのが、これを八つ、または九つに分解して考える「八識《はっしき》」または「九識《くしき》」という考え方です。

これには、五感による認識を表す眼識（視覚）、耳識《にしき》（聴覚）、鼻識《びしき》（嗅覚）、舌識《ぜっしき》（味覚）、身識《しんしき》（触覚）と、意識と意識がなくなった状態にも存在している末那識《まなしき》、阿頼耶識《あらやしき》、阿摩《あま》羅識《らしき》の四つが含まれると言います。

五感（五識）やそれを知覚する主体である意識（六識）があるというのは、西洋の理解と共通していますが、残りの末那識、阿頼耶識、阿摩羅識というのは、いったいどういうものなのでしょうか。

一般的には七識以降は、フロイトらが再発見した無意識の世界だと理解されています。フロイト理論でいうところの、前意識や深層心理、さらにはユングの提唱している集合的無意識（阿摩羅識）まで議論されていたようです。

これはあまり知られていない事実かもしれませんが、このように日本では心に対する独自の洞察がかなり進んでいたようで驚かされます。私たちは「心の民族」とでも言うべきなのかもしれません。

せっかく素晴らしい概念を持っているのに、それを既存のフロイトやユングの言葉で説明してしまうのはなんとももったいないと思うのは私だけでしょうか。

終章では、これを脳科学および生物学の言葉で説明し、私たち日本人のご先祖様がいかに心について深い洞察を持っていたかを明らかにしてみたいと思います。

人の心は、今も昔も共通しています。祖先たちが考えてきた心の正体を知ることで、現代の私たちが救われることもあるかもしれません。それは別に何も仏教に帰依せよと言っているわけではなく、その便利な考え方を再認識しようということです。ぜひ最後までお付き合いください。

本質主義というトラップ

世の中の切り口の一つとして、「本質主義」と「構成主義」という相対する考え方があります。これも往々にしてありがちですが、結局白黒の二項対立になっていることに注意が必要です。

本質主義とは、物事にはちゃんと「唯一絶対普遍の指標」があるという考え方です。一方の構成主義は、環境や状況に応じて絶えず変化し続けるという考え方です。

このような考え方は脳科学にも応用されており、その代表的な考え方が、アメリカの神経科学者ジョセフ・ルドゥーらによって提唱された、「脳の中には恐怖を司る『恐怖回路』があり、そしてその本質は『扁桃体』と呼ばれる部位にある」といった言説です。

後にルドゥーは、その著書『情動と理性のディープ・ヒストリー』（化学同人、2023年）の中で、このような考え方は誤解や混乱を生むものであり、その原因の一端は自分にもあると認め、次のように説明しています。

扁桃体と恐怖の関係は、一九五〇年代にはじめて明らかになった。しかし、扁桃体が「恐怖センター」であるという考えは、一九八〇年代にブルース・カップ、マイケル・デイヴィス、そして私がパブロフ型恐怖条件づけを用いて行った研究の結果、熱を帯びはじめた。（中略）私たちが行った研究では、扁桃体が、条件づけられた脅威によって引き起こされる行動や、生理的反応を制御する脳の回路に不可欠な部分であることが示された。「恐怖」条件づけを研究していたので、恐怖の状態が条件づけの対象であり、扁桃体が恐怖の中心であるという考えが自然に生まれた。（中略）この直感的で魅力的なアイデアは、膨大な量の研究を刺激し、私の一九九六年の著書『エモーショナル・ブレイン』（東京大学出版会）を通じて、一般大衆の関心を集めた。こんにちでは、扁桃体の恐怖センターという概念は、科学的な教養であるだけでなく、本、雑誌、映画、歌、漫画、その他のメディアに日常的に、そして疑いなく現れる文化的ミームでもある。しかしながら、私はそれは誤っているように思う。私の研究と著作がこの誤った特徴づけに寄与したので、私はある程度説明しなければならない。

（中略）

私は動物研究の初期のころから、扁桃体はいわゆる恐怖反応の制御に関与しているが、意識的な恐怖感を生み出すのには関与していないと主張していた。この違いを意味論的に概念化するために、私は記憶の研究で出現してきた顕在的－潜在的という区別を借用した。具体的には、扁桃体は反応を制御するうえで、非意識的または潜在的な恐怖に関与していると私は考えた。これに対して私が主張するのは、顕在的な意識的恐怖は、他の意識的経験の原因となる皮質認知回路から生じるということである。このように、扁桃体は恐怖の意識的感覚に関与するが、それは間接的であり、それ自身が恐怖の意識的感覚に関与しているということではない。（中略）

それにもかかわらず、多くの人びと（一般人や科学者を含む）は、潜在的な恐怖と顕在的な恐怖との区別に気づいていなかったか、無視することを選んでしまった。（中略）そのため、扁桃体は潜在的な恐怖回路の一部ではなく、単に恐怖センターであると考えられていた。そして、限定的な形容詞（すなわち、〝潜在的〟）がなければ、恐怖は〝意識的〟な恐怖を意味すると仮定された。

文章の表現がずさんだったこともあり、混乱の原因のひとつは私にある。混乱の原因になってしまったからこそ、混乱の解決に寄与したい。

ジョセフ・ルドゥー『情動と理性のディープ・ヒストリー』

一方、心理学でいえば、アメリカの心理学者ポール・エクマンによって提案された、感情を表す普遍的な表情があるという理論である「基本情動理論」というものが挙げられます。

基本情動理論によれば、眉尻が下がって口がへの字をしている顔は悲しみを表し、口角が上がって目を見開いていたら喜びを表現していると考えます。

基本情動理論に基づけば、このような観察から、すなわち悲しみの本質とは、眉尻が下がって口がへの字をしている顔にあり、喜びの本質は、口角が上がって目を見開いている表情によって唯一絶対普遍に表現できるとされています。

エクマンの基本情動理論

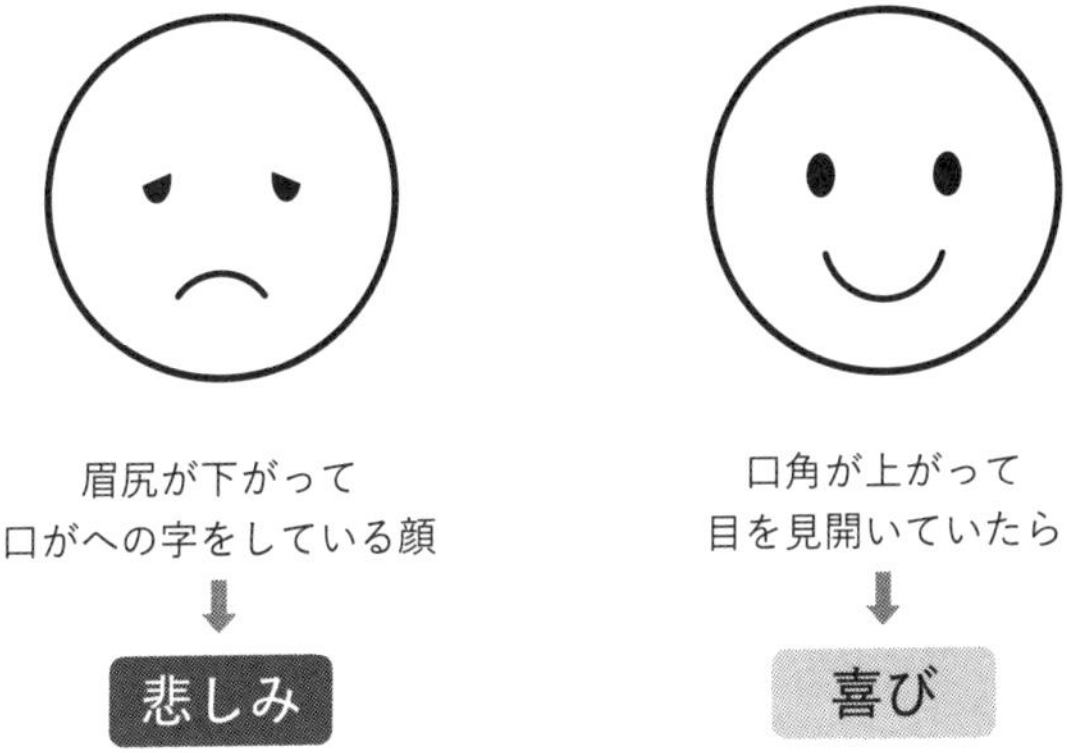
眉尻が下がって
口がへの字をしている顔
悲しみ
口角が上がって
目を見開いていたら
喜び

　このような理論は、古くは「進化論」で知られるチャールズ・ダーウィンもその著書『人及び動物の表情について』（岩波文庫、１９９１年）の中で唱えていたそうです。みなさんのスマートフォンには、感情を表す便利な絵文字がたくさん搭載されていて、コミュニケーションを豊かなものにしてくれています。

　しかし、本当にこれらの単純化された表情で、心の内容を正確に推しはかることは可能なのでしょうか。

　これに対して、アメリカの心理学者であるリサ・フェルドマン・バレットは、その著書『情動はこうしてつくられる』（紀伊國屋書店、２０１９年）の中で、この基本情動理論を本質主義的だと猛烈に批判し、「古典的情動理論」と呼んだ上で、自身の提唱する理論を「構成主義的情動理論」と名付けました。

では、「怖れ」などのたった一つの情動カテゴリーに対応する顔面の動きに、それほどの変化が見られるのなら、なぜ私たちは、目を大きく見開いた顔を怖れの普遍的な表現だと当たり前のように考えるのだろうか？　実のところそれは、固定観念、すなわち自分が属する文化のもとで「怖れ」を示すものとしてよく知られている象徴だ。そのようなステレオタイプは、「しかめ面をしている人は怒っている」「口をへの字に結んでいる人は悲しんでいる」などと、幼稚園で教えられる。またそれらは文化的な記号、つまり慣習であり、漫画、広告、人形の顔、絵文字などのさまざまな図像やアイコンに見出すことができる。その種のステレオタイプを、心理学専攻の学生は教科書で学び、セラピストはクライアントに教え、メディアは欧米社会に広く普及させているのだ。「ちょっと待った。あなたは私たちの文化がそのような表現を生み、皆でこぞって学んだとでも言いたいのか？」と、読者は訝るかもしれない。そのとおり。私はそう言いたいのだ。古典的理論は、その種のステレオタイプを、あたかも情動の真正なる指標のごときものとして、私たちの心に植えつけたのである。
確かに、顔は社会的コミュニケーションの道具と見なせる。顔面の動きには意味のあるものもあれば、ないものもある。しかし現在のところ、どの顔面の動きに意味があり、どの動きにないのかを人々がいかに見分けているのかについては、文脈（ボディランゲージ、社会的状況、文化に基づく予想など）が重要だという点以外、ほとんど何も知られていない。眉を吊り上げるなどの顔面の動きによって心理的なメッセージが伝えられる場合、そのメッセージが必ずしも情動的なものだとは言えないし、それが表わす意味がつねに同じかどうかさえわからない。科学的な証拠を総合すると、各情動には、特定が可能な表情が必ずやともなうと言い切ることはできない。

リサ・フェルドマン・バレット『情動はこうしてつくられる』

また、心の本質を探るという文脈でよく取り沙汰されるものの一つに、「遺伝子」があります。「私は父親譲りの性格で……」などと言ったりしますが、性格が本当に遺伝子で決まるのかどうかは、誰もが気になるところだとは思います。

遺伝子というのは、身体の設計図と言われる通り、誰もが持ってはいるのですが、ただそれを持っているということと、それが実際にはたらいているということは別の問題です。現在では、誰でも簡単に安価で、自分の持っている遺伝子を調べることができます。

このような遺伝子検査でわかるのは、その設計図となる遺伝子を持っているか否かであり、実際にそれが「はたらくかどうか」はまた別の話です。この検査が重要なのは、「多くの人が持っていないはずのものを持っていたり、持っているはずのものを持っていなかった場合に、将来その遺伝子がはたらく必要が出てきた際に不具合が生じる可能性がないとは言い切れないので、特別な対応が必要かもしれない」ということをあぶり出すことにあると考えられます。出生前診断も同様の理屈です。

興味深いことに、遺伝子の機能は、生後の生育環境によってもそのはたらき方、つまりどの遺伝子をオンにして、どの遺伝子をオフにするかが頻繁に切り替わると言います。これを「エピジェネティックな調節」と言います。

このような例は脳科学にも見られます。脳には可塑性《かそせい》という、生後の生育環境や学習に応じてその回路が書き換わり、ひいては脳の地図が書き換わるような柔軟性が備わっています。あまり聞き慣れない言葉ですが、英語で言うとPlasticityで、プラスチックと同源の言葉です。つまり、やわらかい、形を変えられるという意味になります。

自然界には「唯一絶対普遍の指標」があるという本質主義は、物理学や化学の領域では長く通用してきたようですが、今しがた見てきたように、生き物に関してはちょっと掟破《おきて》りなことが多く見つかっています。その掟破りな中にも、一定の法則やルールがあり、またそれを見つけていくのが生物学の役目です。そのような例外を見つけていくのが醍醐味《だいごみ》でもあるのですが、掟破りも含めて、より多くの現象をより単純な法則で記述するというのが、生物学の目指すところなのです。

このように、学問自体が「本質主義」と、一見型破りのように見える「構成主義」を行ったり来たりする中で発展してきたのです。

なぜ脳は静止画的な理解しかできないのか

では、なぜ人は物事には本質が存在すると考えてしまうのでしょうか。私はその理由には、脳に備わっているある基本的な性質にあると睨んでいます。

ここで言う脳の基本的な性質というのは、脳が外界を認識し学習する際の「学習ルール」のことです。

私たちは、生まれてからこの方、脳を発達させていく過程で、物事の共通点を見つけては仲間分けし、違うものは区別するという「カテゴリー化」によって学習しています。このような学習法では、似ている部分が強調されるため、あらゆるものが「平均」によって表現されるのです。そのため私たちは、動的なものや散らばりがあるもののすべてを「静止画」として捉えてしまうという性質があるのです。

そもそも私たちの視覚は、動画を見ていると思われがちですが、実際に見ているのは静止画の連続であり、1秒間に3枚の画像を見せられると、それを動画として認識してしまうそうなのです。昔、パラパラ漫画で遊んだことがある人も多いのではないでしょうか。

さらに言えば、そもそも脳は時間という概念を理解するようには設計されていないようなのです。イタリアの理論物理学者カルロ・ロヴェッリは、『時間は存在しない』（NHK出版、2019年）の中で、そもそもニュートン以来、唯一絶対普遍の時間があると考えてきたこと自体が間違っていたと主張しています。

ニュートンの時間は、わたしたちの感覚がもたらす痕跡ではなく、優美で知的な構築物なのである。親愛なる教養豊かな読者のみなさんが、もしも今、「事物とは無関係な時間」というこのニュートン流の概念が存在することが自然で単純な話だと思われているとしたら、それは、学校ですでにこの概念に出合っているからだ。この概念は、徐々にわたしたち全員の見方となった。世界中の学校の教科書を通じてわたしたちに浸透し、やがて広く時間を理解する術となり、ついには常識となった。だが、事物やその動きから独立した一様な時間が存在するという見方が、いくら今日のわたしたちにとって自然なことに思えたとしても、それは、太古からの人類の自然な直感ではなかった。ニュートンが考えたことだったのだ。

カルロ・ロヴェッリ『時間は存在しない』

自然界は、時間とともに時々刻々と変化して止めどないものです。止まっているように見えるものはありますが、実際には目まぐるしく変化しています。しかしそれを観察する人間は、「唯一絶対普遍の時間がある」と考えることで、世界を静止画として捉えることを可能にしました。

よく目にするグラフも電車の時刻表もスケジュール帳も、カレンダーも、時間は何かそこに止まっているもので、取り出したり、切り貼りしたりが可能な尺度として利用されています。それはそれで便利ではありますし、そのような世界観の構築のおかげで、ロケットは月に向かって正確に飛んでいけるようになったのです。

能楽師の安田登《やすだのぼる》さんは、そもそも時間を表すために、長い短いといった距離の尺度か、速い遅いといった速度の尺度を借りてくるしか表現方法がないのだと指摘しています。

そもそも脳が静止画的にしか世界を感じられないというのは、なんとも皮肉なものです。その結果、時間という概念を発明できたという事実がさらに本質主義を加速するに至ったというのは、堂々巡りのような感じがして面白いですね。

一方で、さようならば、ということで構成主義に偏りすぎると、「何でもアリ」になってしまうので、そこの塩梅《あんばい》は難しいものです。なぜなら構成主義というのは、ルールなどなしで、いわば場当たり的で「なるようになる」ということになりかねないからです。科学者としては、その「なるようになる」の中にも、とは言え一定のルールがあるのではないかと考えて、それを見つけ出してみたくなってしまいます。

程よく本質主義と構成主義の良い部分を取り入れていくことが必要なのだと思います。

心はどこまで細分化できるのか

さて、心に本質など存在しないとは言え、心を科学的に取り扱う上では、何かしらの指標でカテゴリー化していく必要があります。

個々人の気質や特性のことは、パーソナリティ特性と言いますが、これが、我々の行動、感情、思考に影響を与えるのは間違いありません。

しかし、本当に基本的な特性とは存在するのか。存在するとすれば、どのように査定されるべきか、その方法は科学的に正しいのかというのは大きな疑問です。特に人間のパーソナリティについて、共通する気質や属性を見つけ出し、把握しようという試みは「特性理論」と呼ばれます。

この項では、特性理論の発展の歴史について軽く見ていきたいと思います。パーソナリティをどの程度細分化できるのか、そして、その分類はどれだけ有効なのか。これは特性理論における大きな論点です。

世界の人口は約80億人とされているので、理論上、80億次元の軸を用意すれば、必ずどこかに自分の位置を見つけることができるとは思います。しかし、これではまったく分類しているとは言えません。一つひとつ軸を減らし、似ているものは共通項として括《くく》り、違うものは軸として残し、どの程度まで圧縮しても、人々を適切に分類できるのかという課題に取り組むのが特性理論です。

今話題のＭＢＴＩ診断（マイヤーズ＝ブリッグス・タイプ指標）は、ユングが１９２１年に出版した著書『心理学的類型』に基づいて、１９６２年にアメリカ人著作家のキャサリン・クック・ブリッグスと、その娘で小説家のイザベル・ブリッグス・マイヤーズによって提案された性格診断です。

これは、自己報告式のアンケートに基づき、大きく四つのカテゴリー（興味関心の方向、ものの見方、判断のしかた、外部との接し方）に分類し、相反する性質（外交型・内向型、感覚型・直感型、思考型・感情型、判断型・知覚型）へとさらに分類していきます。すなわち16個

アイゼンクの性格検査に関するマッピング

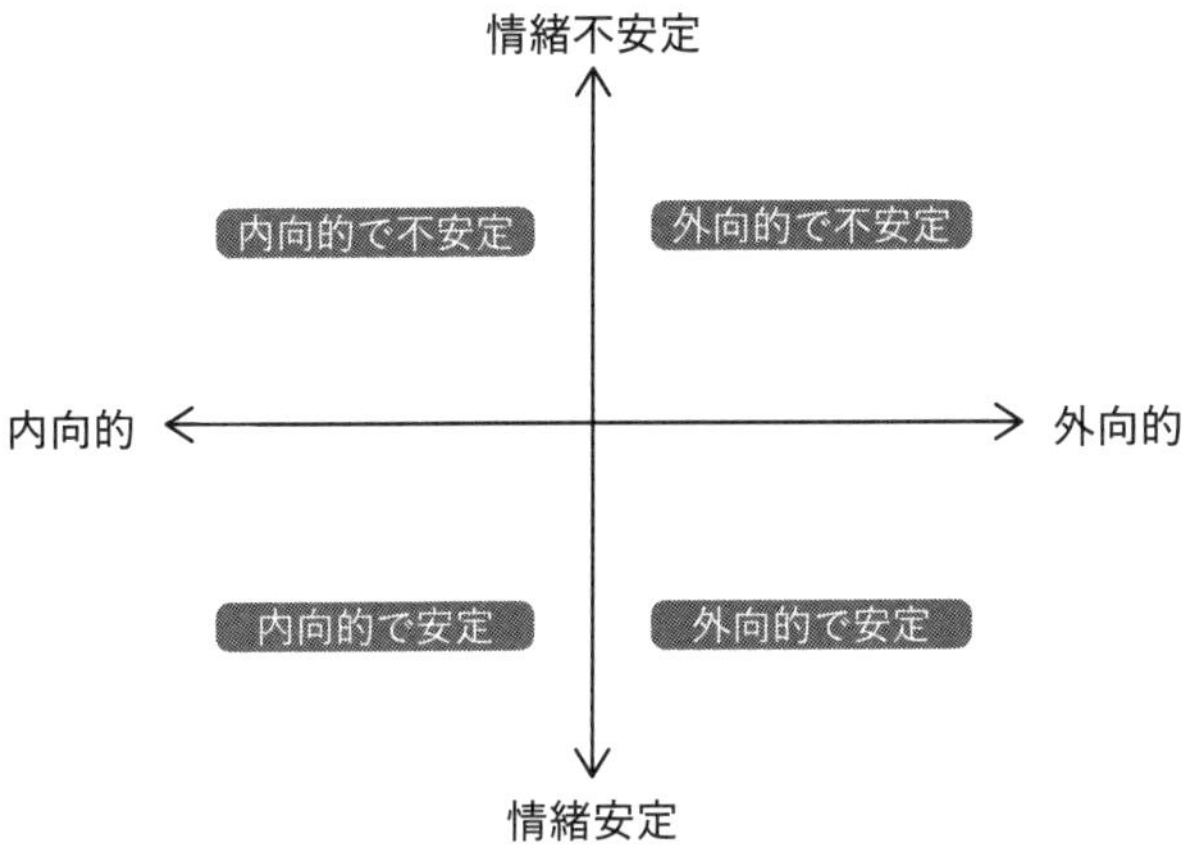

のどれかに必ず分類されます。

これについては社会問題にもなりつつあるので、次の章で詳しく取り上げます。

次に、ドイツの心理学者ハンス・アイゼンクは、1975年に「外向性対内向性」と「情緒の安定性対不安定性」の二つを用いて、自己報告式のアンケートや他者からの評価を通じて個人の行動や感情の特徴的なパターンを二次元でマッピングする「アイゼンク性格検査」を提案しました。

しかし、いずれも学術的には信憑《しんぴょう》性《せい》が低く、批判も多くあります。

現在、特性理論について、多くの研究者や臨床家が、まずは人々をおおまかに理解するのに役立つフレームワークとして受け

ビッグファイブ理論

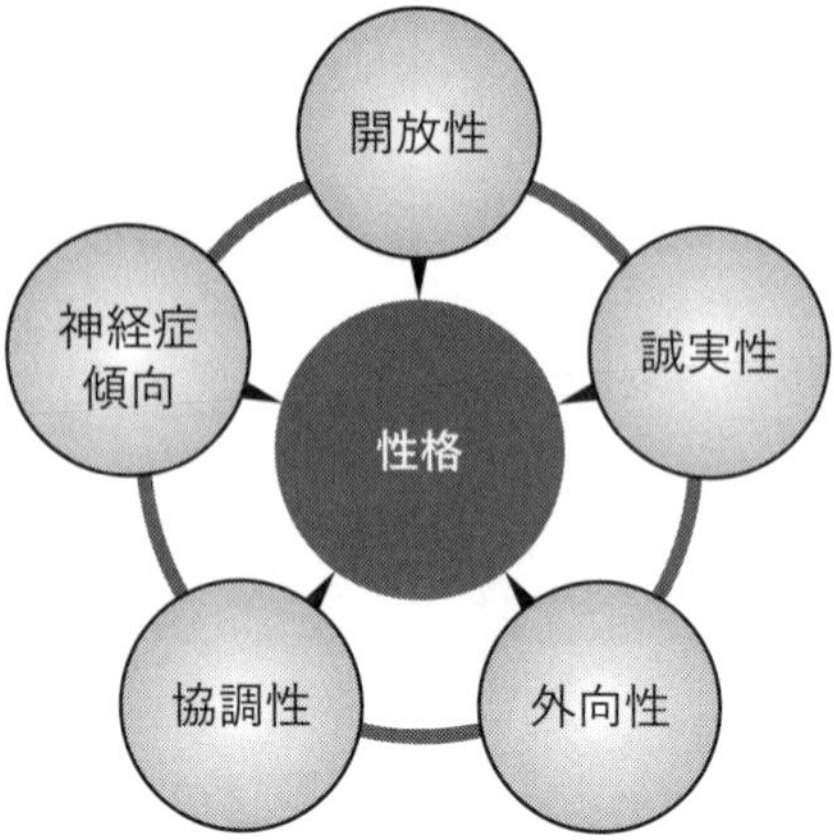

入れているのが、1990年代にアメリカの心理学者ルイス・R・ゴールドバーグが提唱した「ビッグファイブ理論」です。

　これはパーソナリティを五つの基本的な次元で分類する方法で、五つの次元は、開放性（Openness）、誠実性（Conscientiousness）、外向性（Extraversion）、協調性（Agreeableness）、そして神経症傾向（Neuroticism）です。これらは英語の頭文字を取って「OCEAN」とも呼ばれます。

　ビッグファイブによれば、ほとんどの人々のパーソナリティは、これら五つの次元のいずれかに位置づけることができるとされます。

現代の骨相学

1990年に、ベル研究所の小川誠二《おがわせいじ》らによってその基礎的な理論が発明された「機能的MRI（fMRI）」と呼ばれる装置によって、脳を画像でスキャンすることによってその活動をリアルタイムに測定することが可能となりました。

この方法を使って、さまざまな認知課題や心理テストに関与する脳部位が次々に明らかにされて、これまで単なる心理的現象だと思われてきた多くのことが、脳の活動で説明がつくことが明らかとなってきました。ようやく心の基盤を科学的に明らかにする準備が整ったということを指して、「認知革命」とも呼ばれています。まだまだ研究は始まったばかりなのです。

しかし、この方法で見ることができるのは、多くの場合は平面的な静止画であり、とある心理的な現象に伴ってどの脳部位の活動が高まるかというような話に落ち着くことが多いのが現状です。これによって、たとえば「扁桃体は恐怖中枢」だとか、「島皮質《とうひしつ》と呼ばれ

機能的MRIの例

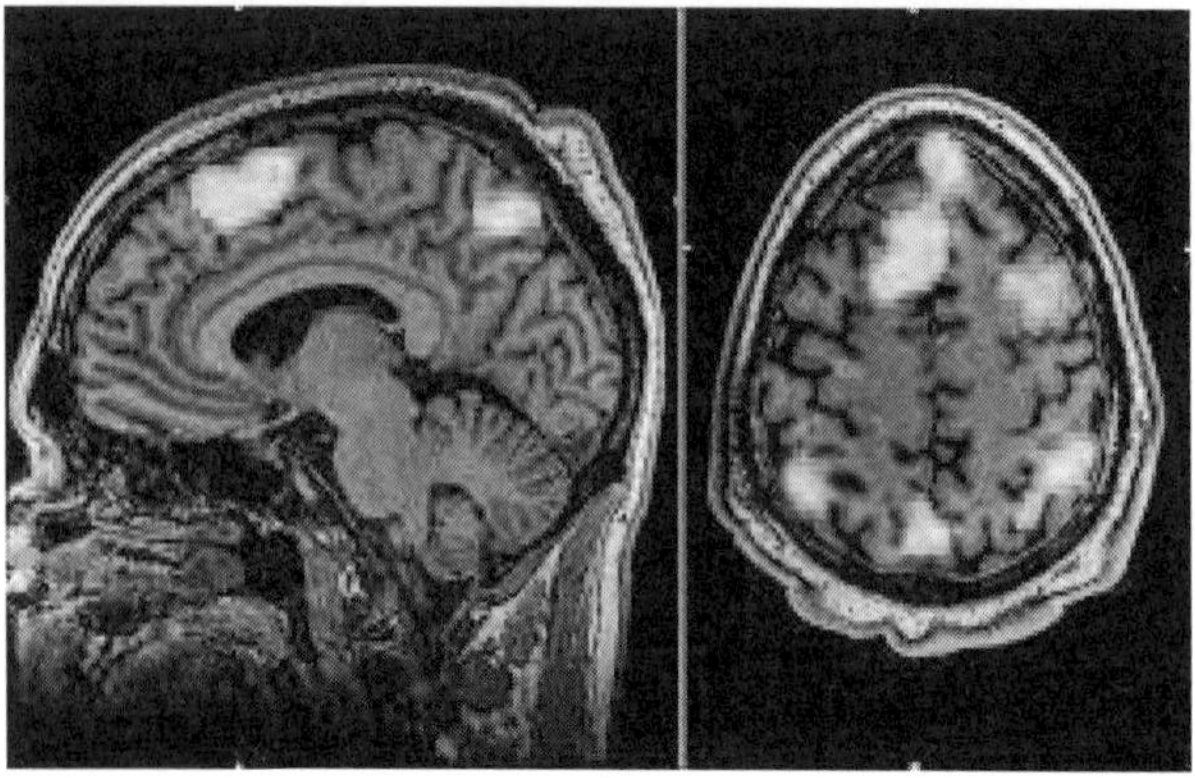

る部位は共感と感情の座」などというふうに評価されることが多くあります。

このような静止画的な解釈は完全に誤っているわけではありませんが、本質主義という考え方に侵されているのではないかと危惧しています。これを揶揄《やゆ》して「現代の骨相学」という言い方もされています。

骨相学というのは、1700年代後半頃にドイツ人医師のフランツ・ヨーゼフ・ガルが提唱した概念で、人の気質や性格は、頭蓋骨の大きさや面積の広さによって判別できるという説です。この説は誤っているのですが、19世紀初頭には大人気となりました。

先ほど紹介したMBTI診断が大流行している昨今の状況を見ると、いつもこの骨相学の話を思い出します。

また、機能的MRIの静止画像を切り取って、どの脳部位の活動が強い、弱いと言った情報が、あたかも人の心の本質を捉えているような言説は、頭蓋骨の形を見て「あなたは謙虚です、あなたは高慢です」などと占っている骨相学となんら変わらないでしょう。

心が存在するように感じられる理由とは

相手にも自分と同じ感情がある、あるいは相手は自分とは違うことを感じているだろうと考える心のはたらきは、1978年に霊長類研究者のデイヴィッド・プレマックとガイ・ウッドルフによって、「心の理論」と名付けられました。

私たちは普通、だいたい5~7歳頃にかけて、「相手には相手なりの心があるんだ」ということを自然と学んでいきます。

ところが面白いことに、この生まれ持った性質のおかげで、自分以外のあらゆるものにはすべて自分と同じような心のはたらきがあると考えてしまうのです。

たとえば、ロボットに感情があるように思うとか、赤ちゃんが自分の方を見て「優しく微笑んでくれた」などという気分になることは少なからず経験がありますが、おそらくそれはこの「心の理論」を人が持っていることによる勘違いに過ぎないと思っています。

もっとわかりやすい例を挙げると、私たちはコンピュータースクリーン上で相互作用する二つの光の点にすら意思やストーリーを感じてしまうようです。このような人工物に、生き物らしい性質を感じてしまう心のはたらきは、オーストリアの心理学者フリッツ・ハイダーによって１９４４年に「アニマシー知覚」と名付けられてました。

さらに言えば、対象はものでなくてもよく、進化論のような概念にすら、意図や意思を感じてしまうようです。よくある誤りとして、キリンは高いところに生えている葉っぱを食べるために、「意思を持って」首を伸ばす方向に進化したというものがありますが、これも進化という概念に対して、あたかも一方向的な意思を感じてしまうという心のはたらきのために起こる誤りなのです。

このように、人はとにかく色々なものに意図や心を感じてしまう性質を持っています。

電車に乗って席に座ったらすかさず隣の人が席を立ったとか、道ゆく人がパッと目を逸《そ》らしたり、誰かがひそひそ話をしたりしているのを見ると、なんだか自分は嫌われているように思えてくることがあります。ほとんどは勘違いや考え過ぎなのですが、このような「自意識過剰」「被害妄想」というものは、この「心」を感じてしまう心のはたらきに由来するのかもしれません。

さらには、ひょっとしたら「自分というものがある」ということすら、このような心のはたらきに由来するのかもしれないという考え方があります。

心は便利な発明に過ぎない

アメリカの認知神経科学者マイケル・ガザニガは、その著書『人間とはなにか』（ちくま学芸文庫、2018年）の中で、自己意識の正体についてこう書いています（以下の引用文について冒頭のカッコ内は著者が補足、その他のカッコ内は原文ママ）。

(左脳の)解釈装置にはほかにも仕事がある。脳に押し寄せてくるすべての情報のつじつまを合わせる(私たちが環境の中で遭遇したものに対して示す認知反応や情動反応を解釈し、一つの事柄が他の事柄とどのように関連しているかを問い、仮説を立て、カオスから秩序を導き出す)ことから始めたこのシステムは、私たちの行動、情動、思考、夢を紡いで、つながりのある物語を作る仕事もこなしている。解釈装置は私たちの物語を一つにまとめる接着剤の役割を果たし、統一のとれた、理性ある、行為の主体たる感覚を私たちに持たせている。解釈装置がなくても機能している脳に解釈装置が加わると、多くの副産物が生まれる。事柄と事柄の関連を問うことから始める装置、いや、数限りない事柄について問い、自らの疑問に対して生産的な答えを見つけられる仕組みがあれば、おのずと「自己」の概念が生まれる。その装置が問う大きな疑問の一つは間違いなく、「これだけの疑問を、誰が解決しているのだろう」だからだ。「そうだな……それを、〝自分《ミー》〟と呼ぼう」。そして、さらに次々と疑問と回答が続く。

「私の自己感覚が副産物?」

そうなのだ。おあいにくさま。

マイケル・ガザニガ『人間とはなにか』

これはちょっと衝撃的ですね。

これまで見てきたように、脳が入力を受ける際の処理の大半は、無意識下で完了してしまいます。そうすると脳はこう考える――「妙だな、外部からの入力や疑問を、全自動で処理していってくれる便利な存在がいるに違いない」。

と同時に、私たちの脳はなんでもかんでも原因と結果を結びつけたいという短絡的な思考である「原因帰属バイアス」を持っているため、そこに連続した「私」というものを想定する。その方が色々と辻褄が合うからです。

14世紀の哲学者・神学者のオッカムは、「ある事柄を説明するためには、必要以上に多くを仮定するべきでない」という「オッカムのカミソリ」を提唱しました。

「心＝私」という図式は、これ以上ないくらいにシンプルでわかりやすいものです。オッカムのカミソリにもなんら抵触しないように思えます。

結局、心＝自己意識なるものは、要するに脳が見せる錯覚に過ぎないのかもしれません。次の章では、これについて詳しく見ていくことにしましょう。

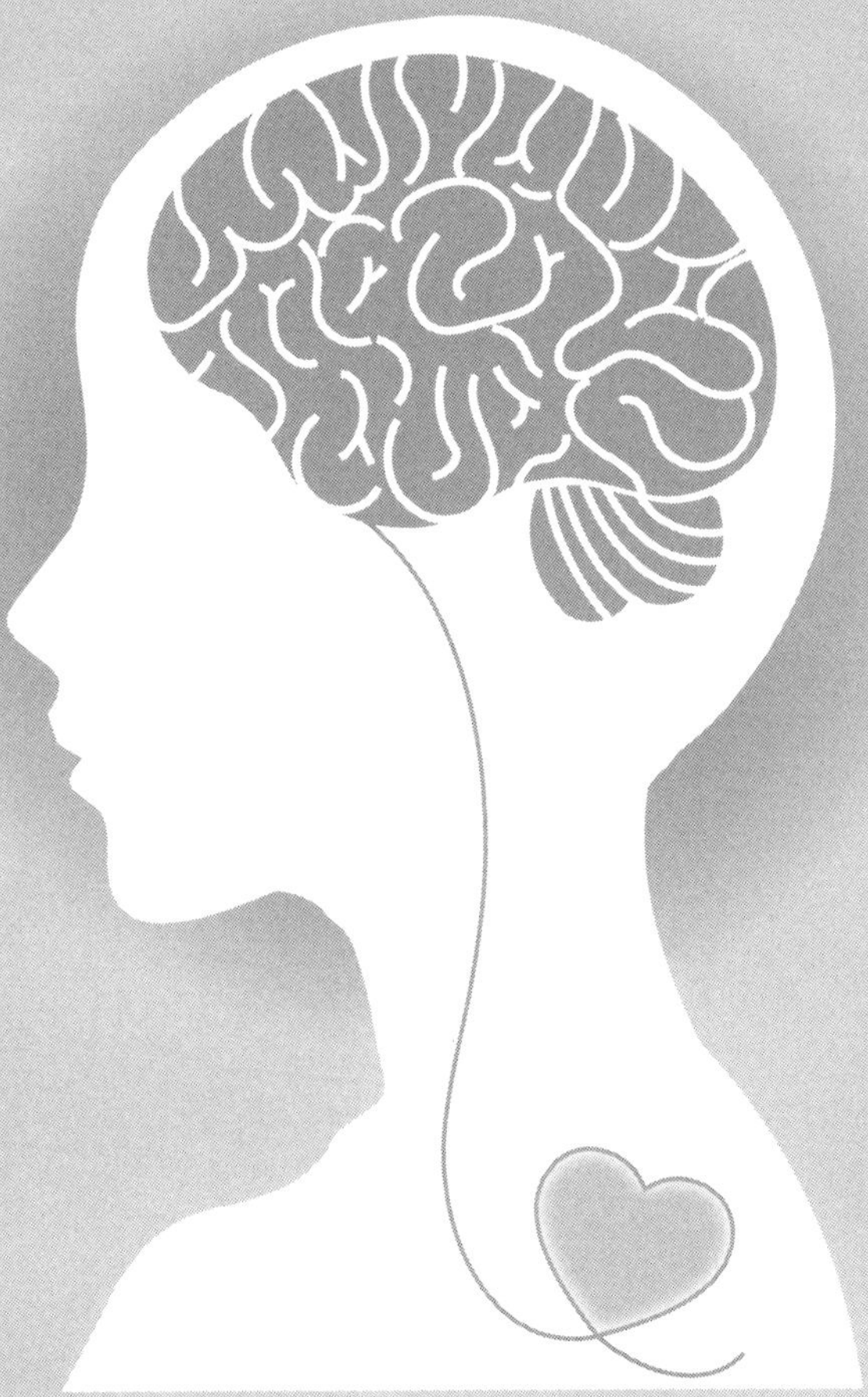

第 2 章
心はどうやって生まれるのか

脳科学における古典的な問題として、「身体喚起は情動体験の前か後か」という問題があります。これは、平たく言うと、「泣くから悲しいのか、悲しいから泣くのか」という問題です。

この問題は、心＝感情の原因と結果についての私たちの解像度を高めるためには、非常に重要な問いです。

しかし、このような形で問うこと自体が、実は誤りなのかもしれません。なぜなら、泣くという行為と悲しみという感情は、必ずしも直接的な因果関係にあるわけではないからです。

泣くから悲しいのか、悲しいから泣くのか？

古典的には二つの主要な説があります。一つはジェームズ・ランゲ説、もう一つはキャノン・バード説です。ジェームズ・ランゲ説では、「泣くから悲しい」とされ、感情は身体的な変化によって生じると考えられています。つまり、私たちが泣くことによって「悲しみ」という感情が引き起こされるというわけです。

一方、キャノン・バード説はこれとは異なり、「悲しいから泣く」と考えます。こちらは感情が先にあり、その結果として身体的な反応が起こるという理論です。この二つの理論は、感情の原因と結果に関する根本的な見解の違いを示しています。

認知が常に情動体験の前に来るのか、それとも情動が認知を形成するのか、この点については長い間研究されてきました。

結局のところ、このような問題に対する答えは、単純に白黒つけられるものではなく、もっと複雑な相互作用の理解を必要とするのです。

悲しいから泣くというのは一つの理解で、これは間違っていません。

逆に、泣いている人を見たら、「何か悲しいことがあったのかなあ」と想像して、共感することもあります。共感して、一緒に泣いていたらだんだんこちらまで悲しくなってきたということもあるでしょう。

悲しいけど泣かないという選択もありますし、泣いているけれど悲しくない、たとえば

ジェームス・ランゲ説とキャノン・バード説

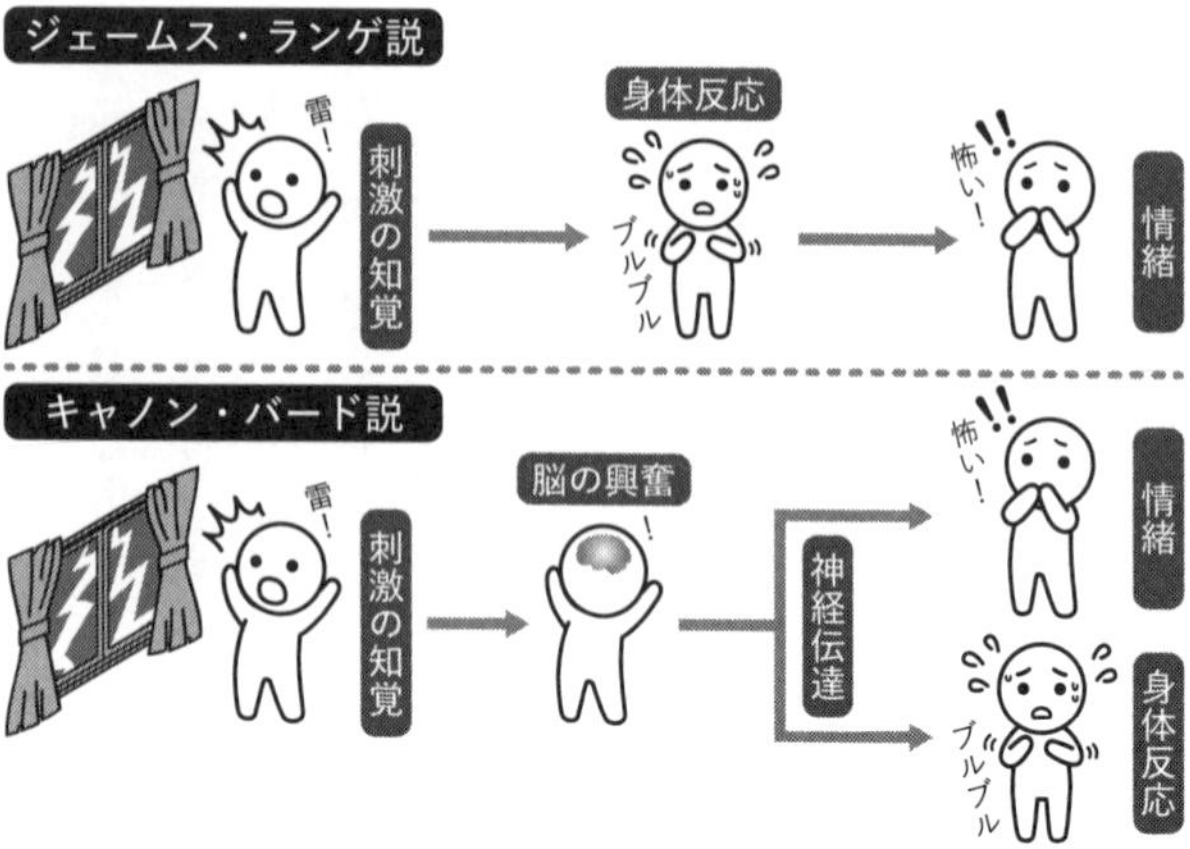

嬉しくて泣いている場合もあります。

私の知り合いは、ストレス解消のためと割り切って、あえて感動する映画や悲しい小説を読んで泣くそうです。確かに、涙にはストレス物質を洗い流すという作用もあるそうですから、そこまで割り切って泣いている人も世の中にはいるんですね。

このような多様な表出は、私たちがどのように感情を経験し表現するかについて、その一筋縄ではいかない多様性を感じる一つの典型的な例と言えます。身体喚起の解釈やその表現は、個人の経験や記憶に強く依存しているため、一人ひとりが感じる感情の質や反応は異なります。

そのため、人間が抱く喜怒哀楽のような

情動体験には、認知の関与を無視することはできず、認知と身体喚起の相互作用が重要なはたらきをしています。情動体験には、喚起された身体状態の意識的解釈が不可欠です。簡単に言えば、感情とは単なる身体反応ではなく、その反応をどのように「解釈」するかが重要になってくるのです。

認知はどのように情動と相互作用するのか

脳には外界の情報を取捨選択するメカニズムがあります。

このフィルターは、手足や目など末梢の感覚からの情報を、大脳皮質に送るか否かを決定すると言われています。このフィルターでほとんどの情報が弁別され、非意識的に処理されます。

特に生理的なものは、身体が勝手に処理してくれています。たとえば、心拍や体温の調整、食事後に血糖値が変動するなど、これらは意識にのぼらずに自律的に行われます。

しかし、何か特別な注意を要する情報がある場合は、それが大脳皮質で照合され、意識的な「知覚」として認識されます。

普段、私たちは心拍には特段注意を払いませんが、通常と異なる心拍の変化を感じた際に「注意が必要だ」と判断されると、その原因を探ります。この時、私たちはその心拍の変化が何を意味するのか、周囲の状況を見て解釈しようとします。

たとえば、山道で大きな熊にばったり出くわしたり、夜道に自分の後ろをついてくる人影を感じ取ったり……このように危険な状況に直面しているかもしれないと感じると、身体は自律的に「闘争か・逃走か」の反応を起こし、心拍が上昇したり、鳥肌が立ったり、筋肉が硬直したりして、戦うか逃げるかの準備をします。

このような調節は、自律神経という自分の意思ではコントロールできない神経によって、さまざまな器官や臓器を同時に調節することによって実現しています。そのあとで、私たちはこのような身体の変化を認知し、「ああ怖かった」とか「緊張した」というような解釈を加えて、感情として表出するのです。

このように感情は、外界の刺激をどのように認知し、解釈するかによって形成されます。それは静止画的なものではなく、常に私たちの認知プロセス、身体的状態、そして外的環境との相互作用の中でダイナミックに変化しています。

実は、この認知のプロセスは、私たちが個々の事例から概念を作り上げる方法と密接に関連しているのです。

たとえば、「犬」という言葉を聞くと、チワワからゴールデンレトリバーまで、さまざまな犬種が頭に浮かぶかもしれませんが、私たちの脳は、これらすべてを「犬」という一つのカテゴリーでまとめて認識しています。このようにして私たちは、実際には存在しない「理想の犬像」のような概念を持つわけです。

この流れは、情動にも適用されます。個々の情動体験を「ヨロコビ、イカリ、ムカムカ、ビビリ、カナシミ」のように概念化するのです。このような記憶は、単なる知識やエピソードのように言語化できる記憶とは一線を画しています。

かといって、自転車の乗り方のように〝身体で覚えている〟記憶とも違います。

私たちは外界からの刺激を実測し、「これは何だろう？」と自問します。そして過去の経験や記憶をもとに「これはカナシミだ」と結論付けることもあれば、「これはヨロコビだ」と考えることもあります。「カナシミだとしたら、どう表出すればいいのだろう？」と参照することで、その時々に応じた適切な情動表現を模索します。

したがって、悲しいから泣くこともあれば、悲しいけど泣かないということが生じるのです。一人ひとりが異なる経験と記憶を持っているため、同じ現象を体験しても、人によってはまったく違う反応を示すことがありますし、同じ人でも状況に応じて異なる反応をすることがあります。

このように、私たちの心＝感情は、一定不変の本質を持っているわけではなく、都度ダイナミックに形成されるものです。

そう考えると、私たちが表面上の感情表現だけを根拠に、互いに理解し合うことは困難であることがわかります。感情とは、極めて主観的なものであり、しかも必ずしも言語化できるものばかりではありません。

わかり合うためには粘り強いコミュニケーションが不可欠であり、まずは互いの違いを認め、尊重し合うことが重要なのではないでしょうか。

ささやくのよ、私の「ゴースト」が

記憶には、大きく分けて「陳述記憶」と「非陳述記憶」があります。

陳述記憶は言語化可能な記憶で、年号や人名などの知識や過去の思い出などが含まれます。

一方、非陳述記憶は言語化が難しいもので、自転車に乗るなどの技術を身体で覚えているという「手続き記憶」や、直前に見聞きしたものの影響である「プライミング記憶」などがこれに該当します。

実際にやってみましょう。


【たこ焼き、道頓堀、吉本新喜劇】

という言葉を見てください。

では、

【大〇】

〇の中に適切な漢字を入れてください。

いかがでしょうか。多くの人が〇の中に「阪」という漢字を入れたくなったのではないでしょうか。

このように、直前に見聞きしたものの記憶や今置かれている状況が、直後の行動に影響を与えるということは実際にあるのです。

みなさんも、海外に行ったら身振り手振りが大きくなったりすることもあるかと思います。多重人格や役割演技というのも、このプライミング記憶に影響されていると考えることもできます。

しかし、認知や感情を引き起こす記憶は、個々の事象から抽出して一般化されたもので、必ずしも言語化できないものです。

たとえば、「イヌ」と言った時に頭で思い浮かべる理想のイヌ像や、「カナシミ」という

記憶の種類

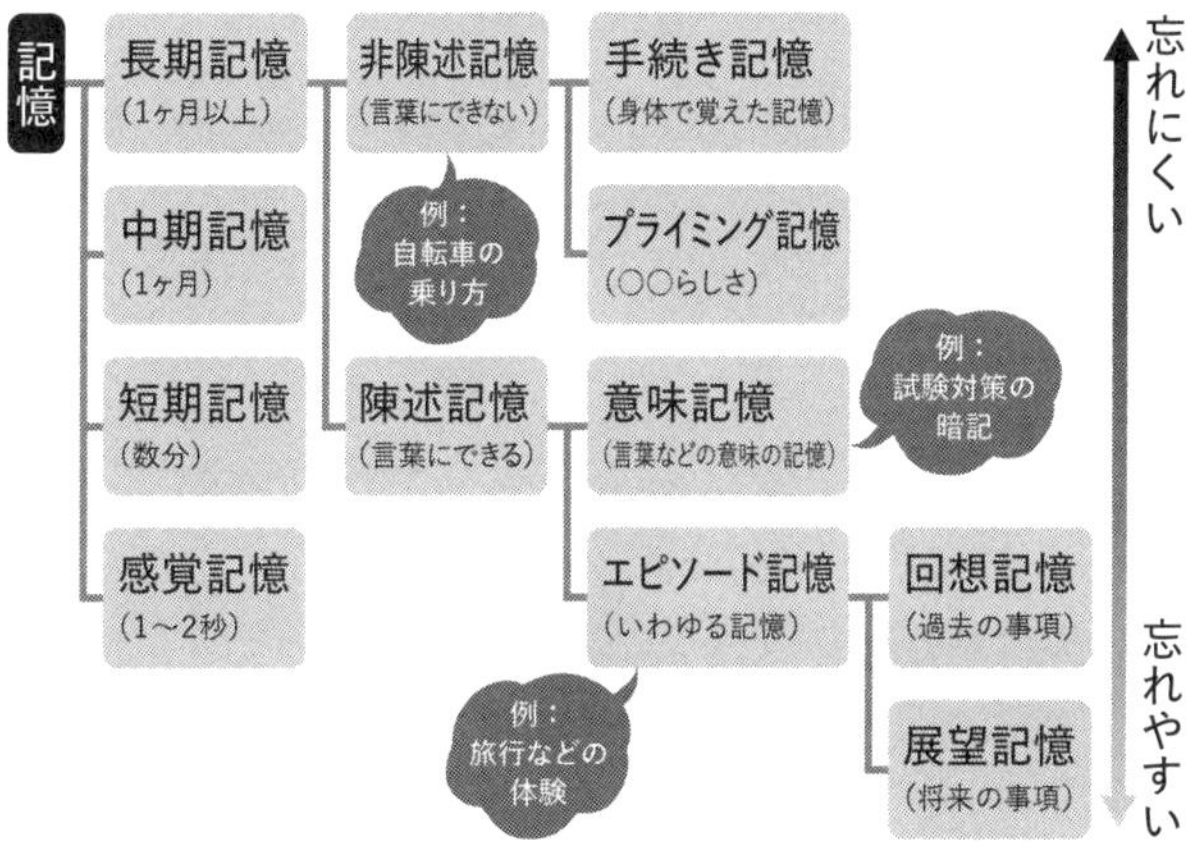

体験を一般化した概念の類いは、必ずしも言語で表現できないものです。それでも、このような記憶は、実測値と照合して適切な反応を生成するために不可欠なものです。

　これは経験から構築した「この世の中はこうなってるんだよ」という脳内モデルそのものであり、私たちは、これに基づいて世界をシミュレートし再生成しています。これは、ぽたぽた焼（亀田製菓）の「おばあちゃんのちえ袋」や居酒屋によくある「オヤジの小言」のように、私たちに生きる知恵を授けてくれます。

　そこで私はこれを、「知恵ブクロ記憶」と呼ぶことを提案しています（拙著『「頭がいい」とはどういうことか』ちくま新書、202

4年)。この記憶は、私たちが何気ない日常の中で直面するさまざまな状況に対して、どのように反応すべきかのヒントを提供してくれます。

テレビアニメ『攻殻機動隊』シリーズ(2002年)には、刑事の勘や女の勘のような意味で「ささやくのよ、私のゴーストが」というセリフがあります。機械の身体(義体)に身を包んだ主人公が唯一持っている生身の脳が持つ「人間らしさ」の象徴として登場します。

これは、一般的には「魂」や「無意識の自我」として解釈されていますが、私の考えでは、この「知恵ブクロ記憶」こそが、その正体なのではないかと思うのです。

このような記憶は、常に意識的にアクセスできるわけではなく、しばしば無意識のうちに私たちの行動や感情を形成していますが、間違いなく自分の経験と記憶に基づいて形成された自分自身そのものです。

この「知恵ブクロ記憶」が、身体喚起の情報をどのように解釈するかに影響を及ぼし、結果として特定の情動が引き起こされます。感情は単なる反応ではなく、過去の経験と現在の状況の間での複雑な対話の結果なのです。

「喚起は情動に火をつける、認知は情動に道をつける」という言葉があります。これは、私たちが体験する身体の変化がどのように解釈され、ラベル付けされるかによって、情動体験そのものが再生成されるということを意味しています。

つまり、情動はただの身体的な反応ではなく、その反応をどう解釈するかによって異なる感情として表現されるのです。

例として、泣いている状態を考えてみましょう。これは単に身体的な変化ですが、その泣いている理由が「嬉しいから」と解釈されれば喜びと表現され、別の状況では「悲しいから」と解釈されれば悲しみとなります。このように、同じ身体的な反応が異なる情動体験として経験されるわけです。

この事実は、外に表出した表情や反応、行動だけからその人の心の中までを完全に理解することは難しいということをよく表しています。

現代では、ＡＩ技術を使った表情解析も存在しますが、このような事情を考えるとこういった技術も完全ではありません。

たとえば、「この人は今、悲しんでいる確率が80％です」とＡＩが判断しても、その人が実際に何を感じているのかは、その人自身にしかわかりません。これは、情動の内面的な体験を外部から正確に測定することは非常に困難であることを意味しています。

感情というのは極めて主観的な現象であり、目や耳から見聞きした実測値とそれが喚起する身体的な変化、そしてそれを知恵ブクロ記憶に照らして解釈した結果、生じるものです。感情＝心というような単純な図式ではなく、極めて複雑な脳のはたらきの結果、脳内でシミュレートされ再生成されるものなのです。

他にも例を挙げましょう。

たとえば、一目惚れ、これは非常にいい例ですね。突然、誰かを見て心がときめく。この時、私たちの認知的な解釈よりも先に、強い情動が生じています。強い情動が生じた理由はさまざまだと思いますが、これを無理やり解釈した結果、「好き」という結論に至ってしまうことで、一目惚れが成立します。

似たような現象に「吊り橋効果」があります。今にも落ちそうな吊り橋を渡っている際に、心臓がバクバクするなどの強い情動喚起が生じますが、渡り切ったその先に恋愛対象の人がいると、そのドキドキを恋愛感情だと脳が誤解釈してしまうことがあります。

誘拐された人が、誘拐犯に恋愛感情を抱いてしまったり、ハリウッド映画によくあるように、スリルとサスペンスを乗り越えた主人公とヒロインが恋に落ちてしまったりする例があります。これもまた脳の誤った解釈によるものです。

これを利用すれば、仲良くなりたい人がいる場合、一緒にジェットコースターに乗ったり、お化け屋敷を体験したり、困難なプロジェクトを共に乗り越えたりすることで、その人の脳を騙《だま》して好意を引き出すことができるかもしれません。

興味深いことに、私たちの身体の反応や感情の解釈は、その時々の状況によって大きく左右されます。意識にのぼらない、サブリミナルな刺激でさえ、後に提示される刺激の判断にプライミングとして機能し得るのです。

たとえば、「イヌ」という言葉を聞いたとき、その直前に見たイヌの種類によって、私たちの頭の中の「理想のイヌ像」が変わることがあります。チワワを見た後には、イヌと聞くとチワワを思い浮かべるかもしれませんし、ゴールデンレトリバーを見た後には、ゴールデンレトリバーが浮かぶかもしれません。

悲しい時には、悲しみが増長され、楽しい雰囲気の時は、幸福な気持ちが増幅されるというのは、日常でもよくあることです。失恋した直後には、より痛みを強く感じるという例もあります。

これらの事例からわかるように、私たちの現実の認識は非常に不安定で、時には理解し難いものです。また、私たちが「心」と捉えている感情の形成が、どれほど状況に依存しており、変わりやすいものかも納得いただけると思います。

脳にある三つのフィルター

ここまでの話をまとめると、脳には二つの情報伝達経路があり、三つのフィルターがあることがわかります。

まず、私たちが、主に五感から外界の情報を脳に届ける経路は、ボトムアップのプロセスと呼ばれます。

私たちはすべての刺激を脳に等しく入力しているわけではありません。何かを見落としたり、気づかなかったり、あえて無視することもあります。

たとえば、飛行機に乗っているとき、初めはノイズが気になるかもしれませんが、だんだんとそれが気にならなくなるのも、この選択的なフィルタリングの結果です。目は開いていても見えないということがあるのもそのせいです。

脳の情報伝達経路とフィルター

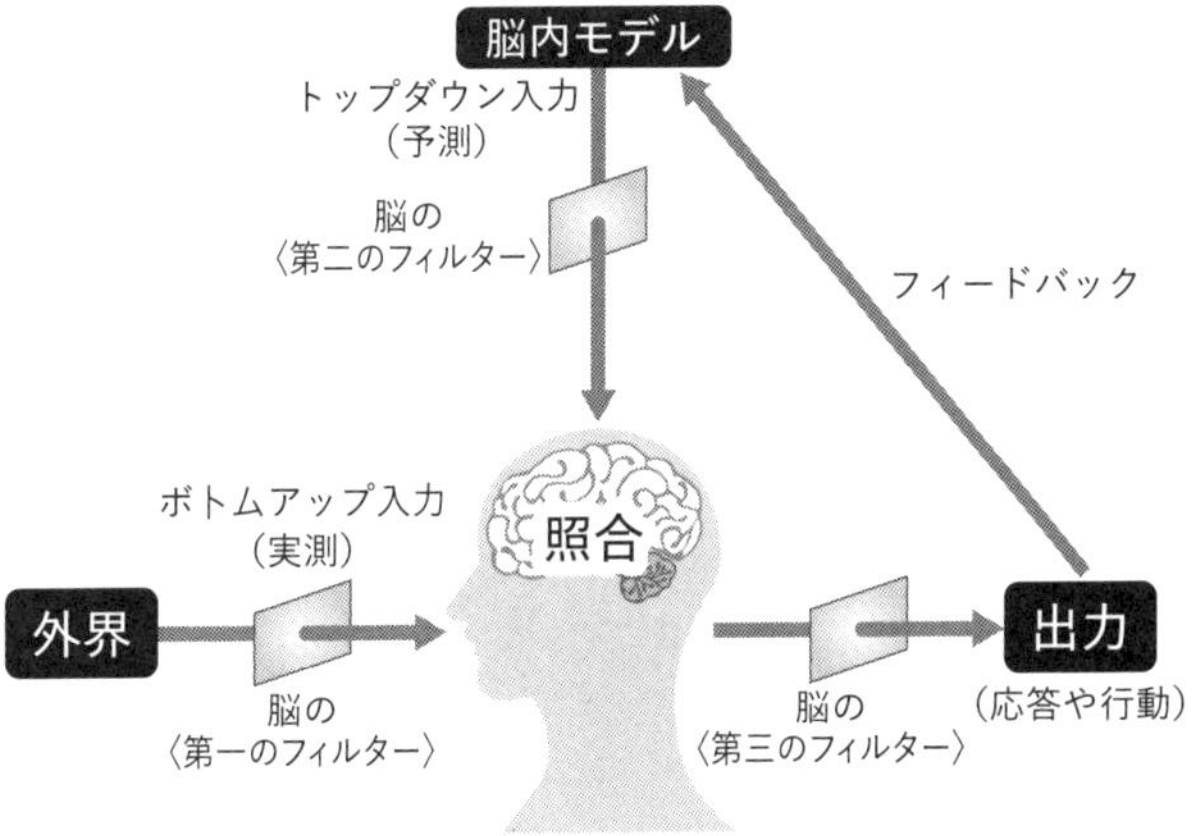

これを脳の第一のフィルターと呼びましょう。これは具体的には、脳の視床と呼ばれる部位にある感覚ゲート機構によって実現されていると考えられています。嗅覚を除くボトムアップの情報が視床を経由し、どの情報に注意を払って知覚するかあるいは非意識的に処理するかを決定します。

その情報の大部分は、知覚にのぼることなく、扁桃体をはじめとする脳の別の部位に直接送られることがあります。これは意識の介在なしに起こるプロセスで、私たちが即座に反応する恐怖や驚きといった情動がここで生じます。この神経経路は、皮質をバイパスする近道として機能し、迅速な反応を可能にします。さらにこの時生じた身体喚起を解釈します。

次に、情報が脳に届いた後、私たちはそれに対してどう感じるかを「知恵ブクロ記憶」に問い合わせるプロセスがあります。これは「トップダウン」のプロセスです。私たちは、両者を照合することで、外界を認識し、その解釈によって感情を生成します。知恵ブクロ記憶がなす脳内モデルに基づいて世界をシミュレーションする過程を、第二のフィルターと呼びましょう。

これは、経験と記憶によって形成されるもので、世界を予測するはたらきがあります。たとえば、カレーは美味しいものですが、もしこれがオムツに塗りたくってあったら、もはや食べ物として認識されないはずです。それどころか、あるはずのない匂いもしてきて、その結果、吐き気なども催してきます。

これが、認知が実測値までに影響を及ぼす好例です。ある種の催眠術などもこの予測を書き換えることで、ボトムアップのプロセスに介入しているのかもしれません。

有名なプラセボ効果、つまり、ただのビタミン剤なのに、「これは病気によく効く薬です」と権威のある医者が処方するとたちまち病気が治ってしまったりする不思議な現象も、この予測に作用している可能性があります。

さらに私は、生成された認知や感情を表出するかどうかという第三のフィルターがあると考えています。私たちが認知したことや感じたことを、実際に行動や反応として表現するかどうかというものです。

私はよく無表情だと言われますが、無表情であっても心の中では飛び上がるくらい喜びを感じているかもしれません。外から見える表情だけでは、その人の感情を完全に理解することはできないのです。

最後に、私たちは実際に行動した結果をフィードバックして、時々刻々と予測を書き換えていきます。試行錯誤しながらエラーを修正し、その結果を知恵ブクロ記憶に蓄えていきます。

このような一連の過程を、私たちは「心」と感じているのです。

これらのフィルターは、経験や記憶、状況、そして個人の性質によって異なる特性を持っています。それぞれの人が異なる反応を示すのは、これらのフィルターが個々人で異なるためです。怒りを感じても、大声で叫ぶ人もいれば、静かに怒る人もいます。

その人にとって何が重要か、どのように感じるかは、その人の過去の経験や個人的な感情の処理能力に大きく依存しています。

そのため、同じ事象でも人によって感じ方が異なり、時には「敏感すぎる」とか「鈍感だ」という評価が生まれることがあります。しかし、誰一人として同じ人は存在しません。まずは、人と人とはそもそもわかり合えないということを理解し、その違いを認め合うことが重要なのではないでしょうか。

固定的な自己など存在するのか？

そう考えると、そもそも、固定的な自分が存在するというその前提自体が間違っているのかもしれません。性格診断を繰り返すたびに、違う自分が顔を出すため、この診断は当てにならないのでは、と思えてきます。

一方で、昔から、どうして酔っ払いはああいう「典型的な酔っ払い的な振る舞い」をするのかずっと不思議に思っていました。まったく文化も世代も違う人であっても、大体似たような「よくある酔っ払いのような振る舞い」をするのです。まるで酔っ払いには本質がある、とでも言わんばかりです。しかし、その考えもあながち間違ってはいないかもしれません。

つまり、私たちは知らず知らずのうちに、その本質を煮詰めて結晶化（ピュリファイ）された、極めて濃度の高い「典型例」を演じているに過ぎないのかもしれないということです。

20世紀最大の心理学者とも称賛されているスイスの心理学者ジャン・ピアジェによれば、人間の記憶や認知の形成というのは、カテゴリー化を繰り返す作業なのです。つまり、似たような特徴をまとめ、違いを抽出してラベル付けしていくというものです。これを専門用語では、「スキーマ（シェマ）の形成」と言います。

そのおかげで私たちは、チワワもゴールデンレトリバーも同じ犬だ、と識別することができます。

同様に、テレビや親戚の集まりなどで見た酔っ払いを学習した結果、私たちの記憶の中には、非常にピュリファイされた「酔っ払いのステレオタイプ」が形成されています。実は私たちはただそれを、無意識的に演じているだけなのではないでしょうか。

最初は、ザ・ドリフターズの加藤茶《かとうちゃ》さんの演技だったかもしれません。さらにそれを見

カテゴリー化の例

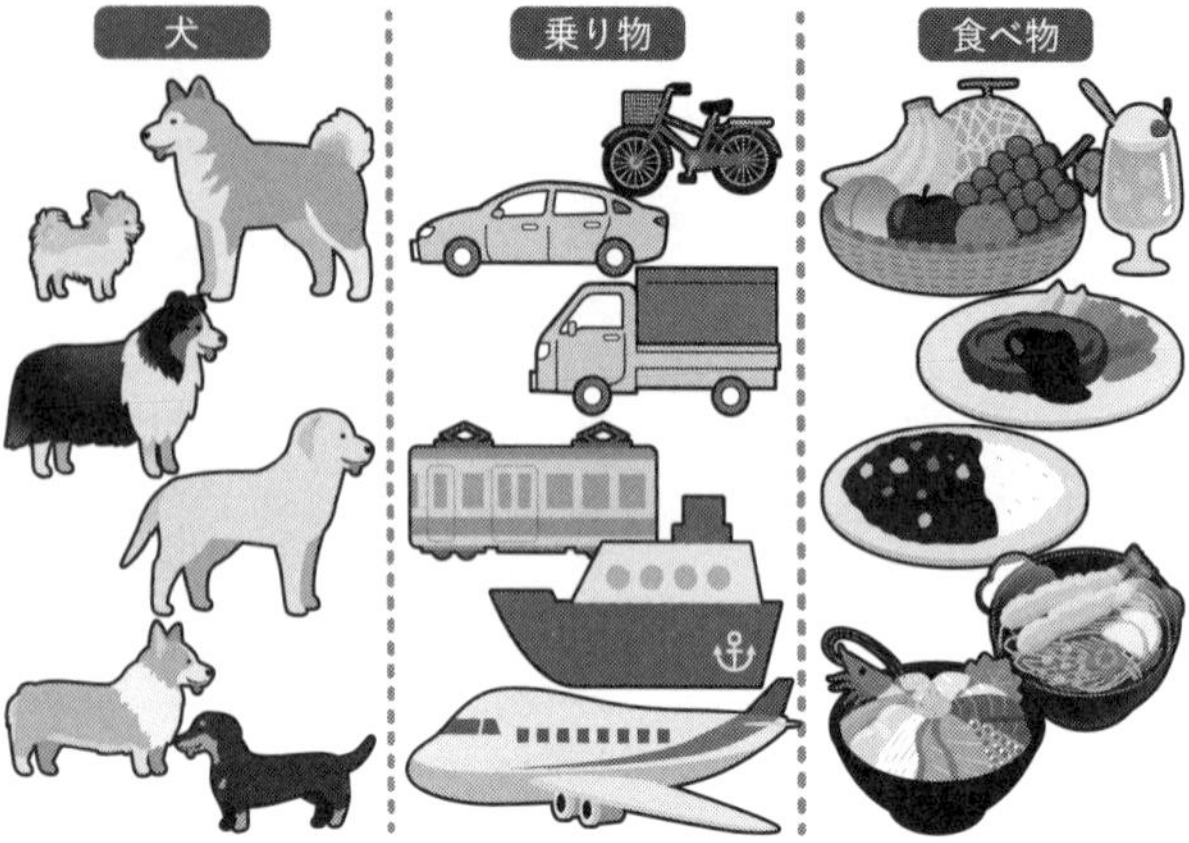

た人が酔っ払いを演じ、というふうにして、やがて文化の中に「典型的な酔っ払い像」が形成されていきます（フランスの人類学者ダン・スペルベルによる「文化的アトラクター」については51ページ参照）。

たとえば、「桃太郎」の物語は、ほとんどの人がほぼ間違えることなく、世代を跨《また》いで暗唱されています。これは、多少異なって伝わっても、それが修正されてオリジナルの強い誘引力に引き戻されるからだと説明されています。

このように私たちの中には、いくつかのコアとなる「人格的アトラクター」なるものが存在していて、そのどれかに自ずと吸い寄せられて安定すると考えることもできます。

私たちは、日常色々な役割を演じているとよく言われます。たとえば、大学の先生であるとか、誰かの父親であるとかを演じ分けているのです。突き詰めると、実は「私」というものも、自分の記憶の中に形成された「典型的な自分像」を演じているに過ぎないのかもしれません。

それは、他者が期待している自分像かもしれませんし、自分が「これが自分だ」と思っている自分像かもしれない。朝目が覚めるといつも通り、スイッチを入れて「自分」という振る舞い、言動を始める。それが、アイデンティティを保っている。自己同一性などというものは、その程度のものかもしれません。

昨日の自分と今日の自分が同じだと証明できるか？

もしかして、自分の身体は寝ている間に別の身体に入れ替わっているのかもしれない、そう考えたことがある人も多いのではないでしょうか。あるいは、この世界は5分前に発生したばかりであるという「世界5分前発生説」によれば、私たちが認識している世界は、私たちが認識したことによって発生し、認識しなければ存在しないと考えることもできます。

私たちの背面には世界は存在していないのかもしれません。私たちの見知らぬ森林では、今まさに木々が倒れる音が鳴っているのでしょうか。これもなかなか否定するのが難しい思考実験です。

他にも、有名な思考実験に「スワンプマン（沼男）」というものがあります。ある男が森を歩いていると運悪く雷に打たれて死んでしまいました。

しかし、その驚くべき高エネルギーは、たまたま近くにあった沼の泥から、男の脳細胞から遺伝子、身長体重、指紋に至るまですべての組成を完全にコピーし、スワンプマンを生み出します。

見た目だけでなく、記憶や思想までもが生前の男とまったく一緒。ただし、自分のオリジナルが死んだことにはまったく気づいていません。家族や恋人でさえも彼がスワンプマンだとは気づきませんし、スワンプマン自身も、自分がスワンプマンだとは思ってもいま

スワンプマン

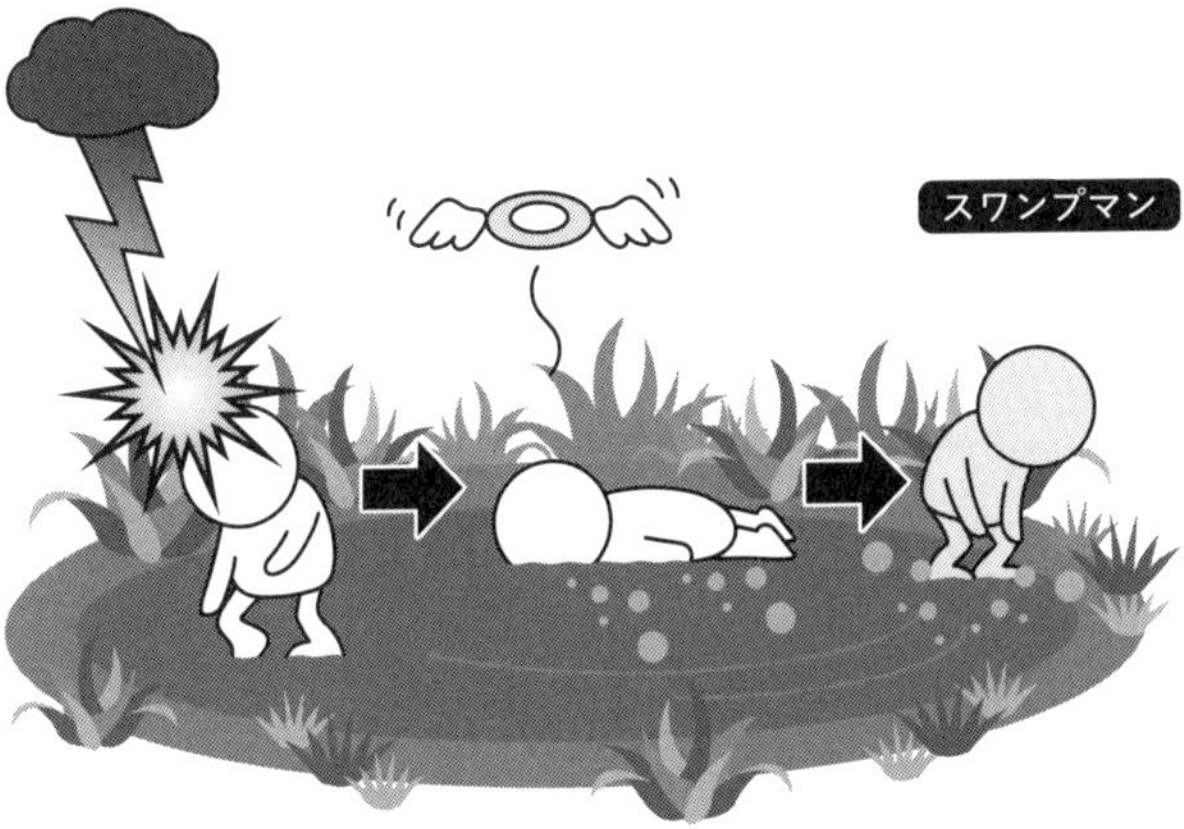

せん。このスワンプマンは、果たしてオリジナルの男と同一と言えるのでしょうか。

また、似たようなパラドックスに「テセウスの船」というものがあります。

あらすじをご紹介しましょう。ある船の一部（たとえば帆）が破損したので、どこからか持ってきた木材で補修しました。そうして船は元通り動くことができました。

その後、また別の一部（たとえば甲板）が破損したので、補修しました。そうやって、故障と補修を繰り返しているうちに、最初の船を構成していた木材はすっかりなくなってしまいました。果たして、この船はオリジナルの船と言えるのでしょうか、というものです。いかがでしょうか。

テセウスの船

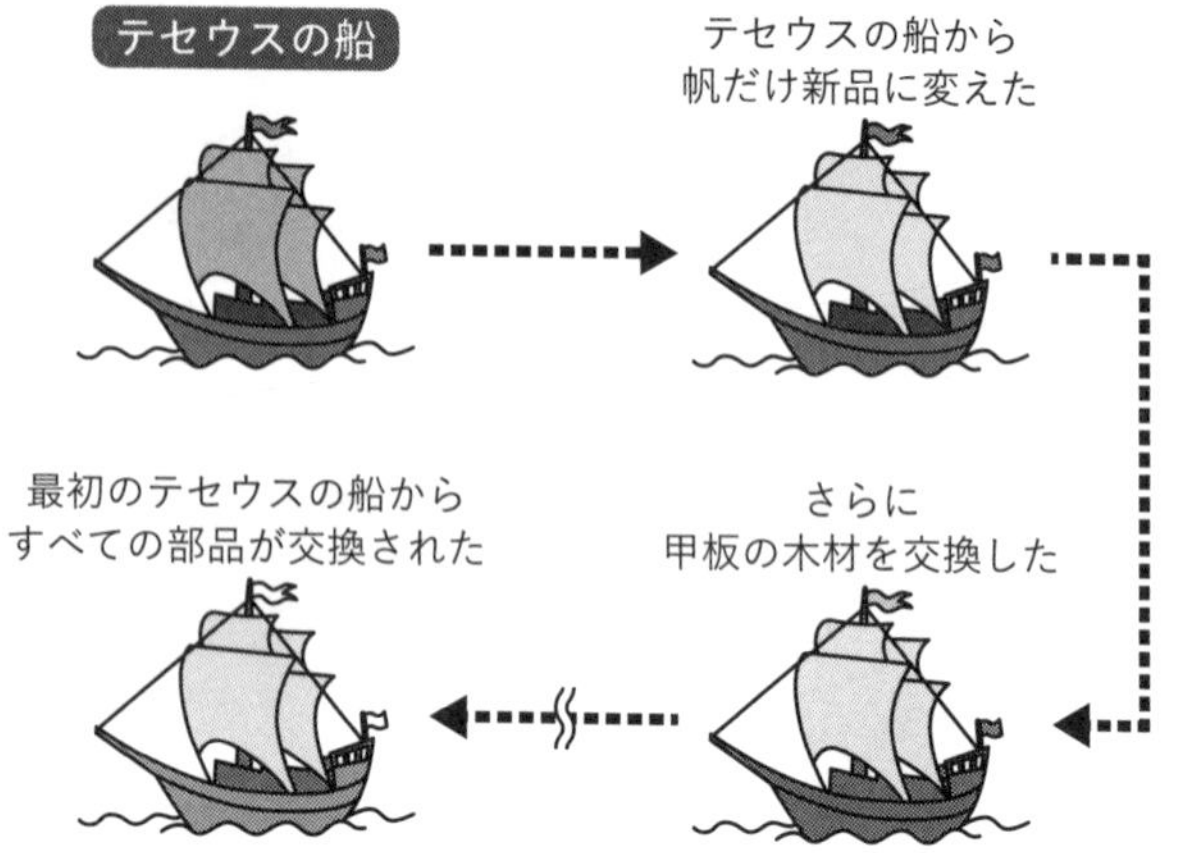

実は、似たようなことが私たちの身体でも起こっています。事実、人間の身体を構成する細胞は日々入れ替わっているのです。

たとえば、舌を構成する味細胞は2週間で入れ替わるとも言われており、それでも味覚を保っていられるのは、脳が食べ物それぞれの味を記憶しているからに他なりません。よくグルメな人を指して、「舌が肥えている」と言ったりしますが、実は肥えているのは舌ではなく、それを記憶している「脳が肥えている」と言えるのです。

脳細胞や心臓の細胞を除けば、私たちの身体の細胞は10年前のものとはまったく異なります。細胞を構成する原子や分子レベルでいえば、もはや私たちは別人であると言っても過言ではありません。

ただ一点、「あのときああだったよなぁ」ということを覚えている記憶である「エピソード記憶」が連続しているからこそ、私たちは、連続した自己を信じているに過ぎません。

しかし、その記憶は本当に私の記憶なのでしょうか。

君たちはどう生きるか？

さて、「私には本質がある」と考えれば考えるほど、このような思考のドツボにハマっていきます。しかし、一定不変の「心＝私」など存在せず、変化し続けることこそが私だと考えることで、その悩みはほんの少し軽くなるかもしれません。

そのため、日々性格診断の結果が違うのは当たり前なのです。強いて言えば、変わっていくことこそが本質なのです。違うのが当たり前で、常に一定の自分などいないと考えてみてはどうでしょうか。

私たちはともすれば本質主義に陥りがちなので、自己の本質や典型的な自分というものを求めてしまいがちです。一方で、自分などたゆたい、日々変化するものであるということが構成主義的な考え方です。

古代ギリシャの哲学者であるヘラクレイトスは、「同じ川に入ったとしても、常に違う水が流れている」と言いましたし、鴨長明《かものちょうめい》は、「ゆく河の流れは絶えずして、しかももとの水にあらず」と記しました。

このような考え方は、実は日本人の私たちにとっては諸行無常の無常観として馴染《なじ》み深いものだったに違いありません。だからこそ、1950年代に「自己同一性」という考え方が輸入されて以来、慣れない考え方に戸惑い、苦しんでいるのかもしれません。結論、本質主義を脱却して、本当の自分探しなどやめてしまった方が、心の健康のためには良いかもしれません。

逆に言えば、自分というものは、水のように形の定まっていないものですから、日々アップデートしていけるものです。

「自分とはこういうものだ」「私らしくない」「こうあらねばならない」などと言って、枠の中に収まらず、自分で自分に蓋をしないで、多様な自分の可能性にチャレンジすることだってできるはずです。その過程で「やっぱり自分ってこんなもんだよね」というような考え方に徐々になってくるものです。

それでも、まだまだ変われるし、違う自分にも出会えるんだと思って、新しいことにチャレンジすることは大事だと思います。それが脱・本質主義、構成主義的な生き方なのではないでしょうか。

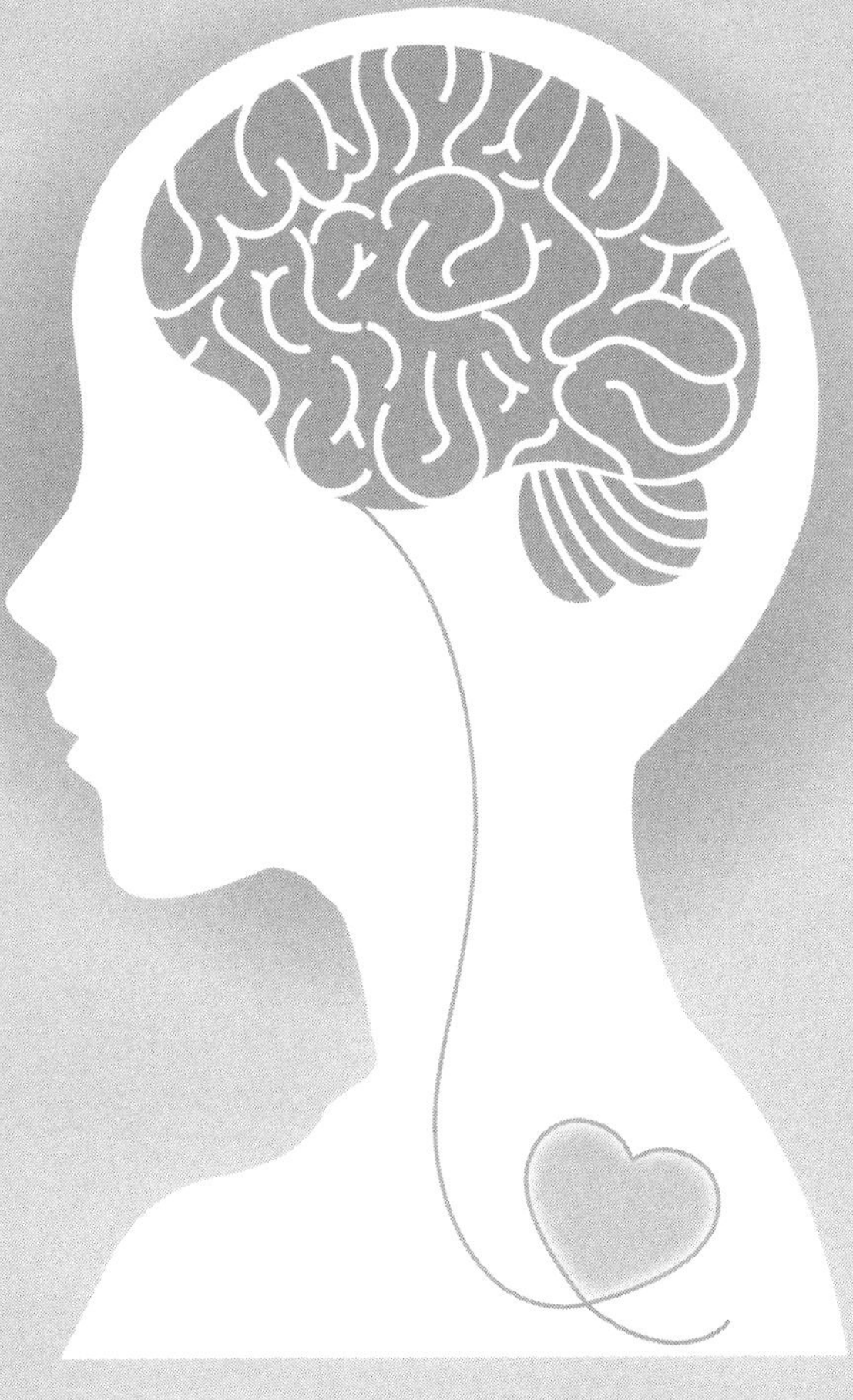

第 3 章
心は性格なのか

現代、多くの人々が心に過度に焦点を当て、心というものを獲得しようとし、その存在意義を追求しています。テレビをつけても、歌を聴いても、どれもまるで紋切型の強迫観念のように心を謳《うた》っています。魂の叫びというやつなのかもしれません。

しかし、「心のはたらき」なるものは、脳の立場から見れば特段何も特別なものではなく、視覚や聴覚などからの感覚情報処理となんら変わりありません。心の状態を専門に処理する特定の脳回路が存在するわけではないからです。

40億年にわたる進化の過程で、脳は心を生み出すために進化してきたわけではありません。心は結果的に生じるもので、特別な存在ではないのです。

そのため、心を中心に据える「心中心主義」的な考え方は誤りです。私は、心という概念は脳が果たす生存機能の一部として理解されるべきだと思っています。

「心が見つからない」と言われる時代

現代は「心が見つからない」時代だと言われているそうです。

はて？　「心が見つからない」とは。

私自身はそう思ったことがなかったため、完全に推測ですが、あまり良い意味ではないことは明らかです。どこか諦めのような、疲れ果てているようなニュアンスすら感じます。

この短い一文でそれを表現するとは、日本語ってすごいですね。直感的には、詩的で聞こえも良い言葉だし、確かにそんなもんかなと聞き流してしまいがちですが、ちゃんと考えてみると結構フワッとした言葉で意味不明ですらあります。

これが「心がない」であれば、都会的で効率主義的で、杓子定規でマニュアル主義的で、冷たいとか人情味がないとか、そういうことなのかなと思えますが、「見つからない」とはいったいどういうことでしょうか。

まずもって、この短い文章で言うところの「心」というものが何を指すのかがよくわかりません。自分の心なのか、他人の心なのか。ここでは一旦両方ということで、置いておくことにして、考察を進めましょう。

次に、「見つからない」と言うからには、「探してみたけど」ということが暗に含まれています。「心を探す」というのは、もっと謎で、まさか私のように、「心のありかは、脳だろうか、はたまた内臓だろうか」と言って探しているわけでもないでしょう。

探し方が悪いんじゃないとか、ちゃんと真剣に探したのか、とつい突っ込みたくなるところですが、同時におそらくもう疲れ果ててしまうほど探したんだろうなという姿が目に浮かび、同情すら覚えます。この人は何を探していたんでしょうか？　そして、それは本当に存在するものなのでしょうか？

なぜこういうことが言われるようになったのか、ちょっと気になって調べてみたら、臨床心理学者・臨床心理士の東畑開人《とうはたかいと》さんの『なんでも見つかる夜に、こころだけが見つからない』（新潮社、2022年）という本が話題になったからだそうです。

要は、お金を出せばなんでも買えるのに、人間関係が希薄で、自分の居場所を見つけられないとか、自分の価値や生きがい、目標が見当たらないとか、感情表現が麻痺しているとか、そういうことを指して「心＝私」と述べているわけですね。

これは、「本当の自分」や「自分らしさ」を見失ってしまっている状態と言い換えてもいいのかもしれません。それなら、意味はわかります。心という言葉はかくも多義的で便利なものですね。「こころ」とあえてひらがなで書くあたりに、その意図が見え隠れしているのかもしれません。

現代の子供たちは自己肯定感が低いというのは有名な話です。アジア圏や欧米と比べても、日本人は断トツで自己肯定感が低いと言われています。つまり、自分の価値を認められず、自信を失っているということです。

そもそも、大人たちが生きる目的や目標を見失い、虚無感や無気力を感じている状態に陥っているとも言われています。さらに追い討ちをかけるように、SNSの発達やテレワーク化で人間関係は希薄化し、周囲の人とのつながりを感じられず、孤独感や疎外感を感じている人も増えています。

ひいては、喜びや悲しみなどの感情を感じる機会も少なくなり、心身ともに疲れ果ててしまうのです。もとを正すと、自分が何者なのか、何を大切にしているのかという、いわゆる「アイデンティティ（自己同一性）」の喪失が挙げられます。

私は90年代から2000年代に青春時代を送ったので、バリバリ「自分探し」世代でした。当時、Mr.Children（ミスチル）をはじめとするJ－POPの歌詞の主題は、この本当の自分探し、アイデンティティを歌ったものが多く、それが若者の心に刺さって、大流行したような記憶があります。

私自身、そういう歌詞にすごく共感しましたし、本当の自分探しに躍起になって疲れ果ててきました。だから、それに悩むみなさんの気持ちはすごくわかります。

しかし、このアイデンティティという言葉自体は、1950年代頃にアメリカの精神分析学者エリク・H・エリクソンが発明した言葉で、比較的新しい概念です。

アイデンティティというのはつまり、本来自分には名前や身体的特徴、身分や肩書き、誰の子、誰の親などといった外面的なものだけでなく、内面的な連続性、同一性があって、思春期や青年期とはそれを確立するための葛藤や、それゆえの不安定さがあるのだというアイディアです。その裏には、いい大人だったらそんなものはとっくに確立済みであるべきだという大前提があり、いい歳こいて未だに「自分探しをしている」というと、鼻で笑われてしまうという強迫感すら感じます。

ただし、こういった「大人たるものは、自己同一性を確立していなければならない」「人間とは理性的であらねばならない」などというのは、多分に西洋哲学的な考え方に思えてなりません。その昔、脳科学でも「三位一体脳」という概念が流行った時期があります（しかし、今でも多くの人が信じています）。これは、人間と動物の違いとして「理性」を持ち出し、本能は卑しいもの、理性的な思考こそ至高であるという誤ったイデオロギーに基づいています。

確かに、日常生活でも理性的に振る舞えない人、自己同一性がない人に対する、いい加減だ、信用できない、子供っぽいなどといった評価は根強く残っています。

たとえば、友達に「お腹すいた、スパゲッティが食べたいからファミレスに行こう」と誘われて、いざファミレスに到着して、その友達が注文したのがハンバーグだったら、「おい、お前さっきスパゲッティって言ってたじゃん」と突っ込みたくなりますよね。

どうして意見を変えたのか、その理由を30文字以内で答えよと言わんばかりに納得のいく説明すら求めたくなります。「だって食べたかったんだもん」では許してもらえません。

これは、身近な例ですが、みなさんの生活の中で「だって〜だもん」で通用することはほとんどありませんよね。友達同士だったら、笑って許されますが、仕事ではそうもいきません。何かを買うにしても、どうして買うのか、何に使うのか、その理由や使途を事細かく説明する必要があります。しかもそれがちゃんと理屈が通っていて、その通りに買い物をしないと厳しい罰則が待っています。

ただし、このような自己同一性をもっともよしとするような風習や考え方は、それほど昔からあったものではないのかもしれません。これは想像に過ぎませんが、アイデンティティなどという言葉が発明される前はもうちょっといい加減で、「だって〜だもん」で通用していたことが多かったのではないでしょうか。もちろん、士農工商といった身分や職業によるものや、誰それの子供であるというような外面的な「アイデンティティ」はあったでしょうが、むしろそれらが強調されている分、個人の内面としての自己同一性はあまり強くなく、必要とされていなかったのかもしれません。

つまり、唯一絶対不変の自己なるものは存在せず、「心＝私」なんていうものは、その場その場でコロコロ変わるもので、自由に選び取れるものだった。その精神的自由さ、それこそが、「本当の」自分の生きている証《あか》しであり実感だったのかもしれません。それは、脳の生理学的に考えても、その場に応じて臨機応変に変化できるというのが脳という臓器の「本質」であり、「こうであらねばならない」というのは実に脳の無駄遣いといえます。

さて、今何気なく「本質」という言葉を使いましたが、ついつい便利でよく使ってしまいがちです。しかし、その本意をよく考えてみると意外と難しいものです。本質とは何か、本質の本質とは……。私たちは、あらゆるものに本質があると信じています。それは心も同様です。

私たちは、「心＝私」には唯一絶対不変の「本質」があると信じています。したがって、もし今それが見つけられていない、そしてその本質が示す指針を実現していないとしたら、それは怠惰のせいであり、「努力が足りない」せいだと思ってしまいます。はて、どうしてそう思ってしまうのでしょうか。その結果、サカナクションの曲「アイデンティティ」のように「アイデンティティがない　生まれない」と頭を抱えて、焦りを覚え、自分で自分を苦しめてしまうのです。

性格診断にハマる若者たち

流行している性格診断や、血液型占いなどというものは、実に本質主義の典型例のようなものです。

MBTI診断の回答欄の例

同意する ○○○○○○○ 同意しない

ちなみに、若者の間で流行しているＭＢＴＩ性格診断は、ユングのタイプ論をもとにした、世界45カ国以上で活用されている国際規格に基づいた性格検査とされていますが、提唱したのは学者ではなく小説家で、その科学的根拠は薄いという批判があります。学問的には採用するのが難しい類いのものです。どうやら、韓国のアイドルが取り上げたことでＳＮＳを中心に火がついたそうです。

この診断について知らない人向けに簡単に解説すると、93問の設問に対して、できるだけ直感で答える、制限時間は12分。１問当たり約８秒しかかけられない計算になります。設問の例は、たとえば「他の人が泣いているのを見ると、すぐに自分も泣きたくなる。」に対して、同意する・同意しないをそれぞれ０から３でつけていく。

そうすると、基本的には四つのカテゴリー（興味関心の方向、ものの見方、判断のしかた、外部との接し方）に対して、相反する性質

MBTI診断のカテゴリー分類の例

外向型	E	◀ 興味関心の方向 ▶	I	内向型
感覚型	S	◀ ものの見方 ▶	N	直観型
思考型	T	◀ 判断の仕方 ▶	F	感情型
判断型	J	◀ 外部との接し方 ▶	P	知覚型

（外向型・内向型、感覚型・直観型、思考型・感情型、判断型・知覚型）と、すなわち16個のどれかに必ず分類されます。グラデーションはなく、どちらかに必ず白黒つけられるのです。

その時点で、おかしいじゃないか！　と怒り出す人はいなくて、それをそういうものかと受け入れる人が大多数であるのが現状です。多くの人に受け入れられているのは、少なからずそれが当たっていると本人が思うからでしょうね。

ちなみに興味本位で私もやってみたので、どうぞ煮るなり焼くなり、ご自由にご利用ください。どうです、私という人間がどういう人かわかっていただけましたか？

著者の診断例

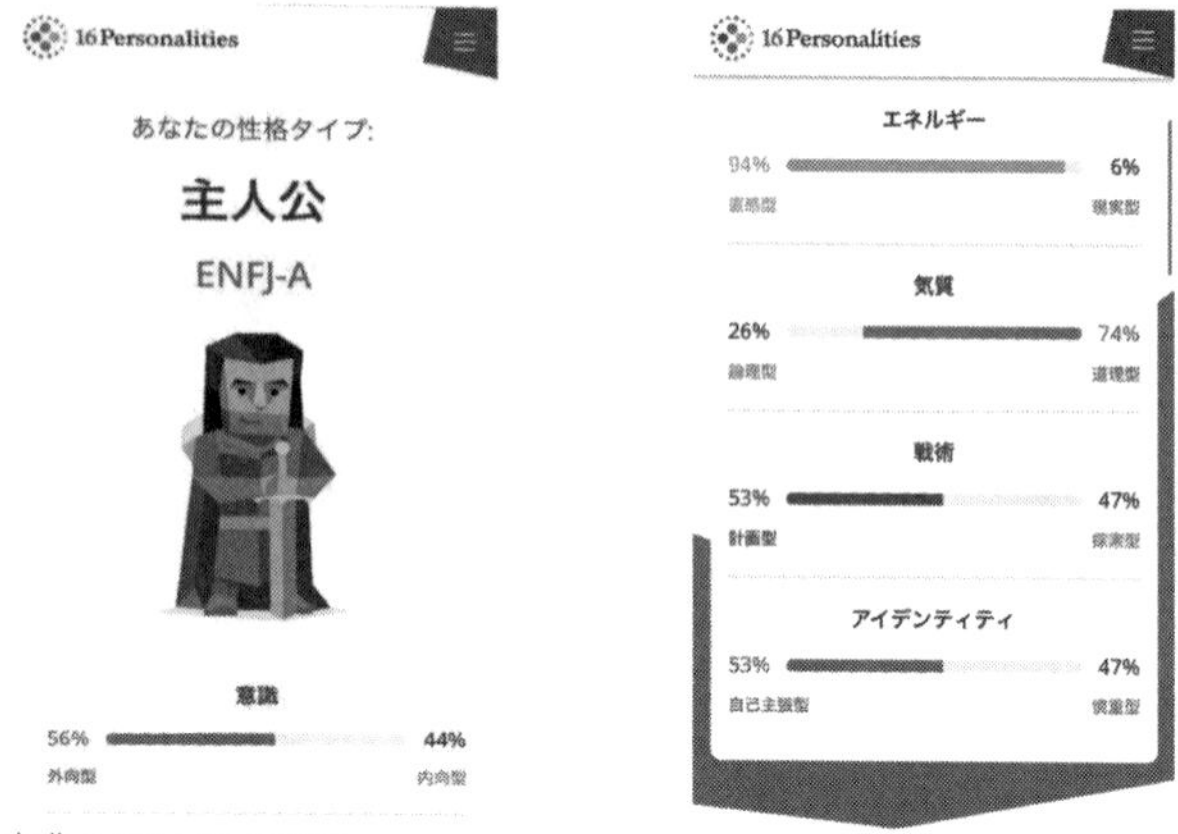

出典：16personalities

これがどれくらい流行っているかという例をご紹介しましょう。自己紹介をする時にまずは名前を名乗るのは普通ですが、最近の学生を観察していると、その次に何を言うかと思えば、自分がＭＢＴＩ診断で何タイプだったかを述べるのです。このENFJ-Aなどの記号の部分です。まるで呪文のようです。そうすると、相手も「ははん、なるほど、君はそういうタイプの人間なのね」と納得して、そこからコミュニケーションが始まります。あるいは、自分とは合わないとわかった時点でコミュニケーションを閉ざしてしまいます。これは決して誇張ではなく、実際私はその場面を目撃して、度肝を抜かれました。

私が子供の頃は、社会人になったら名刺を渡しながら「こういうものです」と言って自己紹介するらしいよと、小バカにしていたものです。社会人ごっこと称して「こういうものです」だけで自己紹介を済ませるコントなどをやっていました。

自分の名前も名乗らずに、どこどこの会社のどういう役職です、というのが自分そのものであるかのように語る。それをどうしてバカにしていたかというと、そんなものは、自分の属性でしかなく、「自分」ではないだろうと誰もが思っていたからです。そういうことがあったので、大人になってからも名刺を渡す時でさえ、所属や肩書きを言う前に、まず名前を名乗ると心に決めています。

しかし、時代はさらにその先を行っていました。自分がどういうタイプの人か、ある特定の時期に、たった数問の設問に答えて割り出された（しかも信憑性の低い）性格診断の結果を交換し合う。それを聞くと、暗に、相手はこういうタイプで、このタイプと相性が良く、このタイプとは相容《あいい》れない、ということが頭に入っているので（すごい）、この人とはどういうコミュニケーションを取ればいいか、あるいは関わらない方がいいかということを瞬時に計算する。ものすごい芸当だと思いませんか。

生物学を学んでいるような学生でさえ、そのような診断結果を真に受けて、相手がどういう人かを判断してしまっているくらいですから、現代社会が「心」というものに対して、いかほど混乱して屈折してしまっているか。おわかりいただけるのではないでしょうか。

確証バイアスの落とし穴

そもそも、なぜ私たちは占いや性格診断を信じてしまうのでしょうか。あるいは、多くの人が似たような傾向があり、「人間は何種類かに分類される」と思えるのでしょうか。

その謎を解く鍵も、脳の持つヘンテコな性質にあります。これは一般的に「確証バイアス」と呼ばれているもので、脳は、自分の仮説を支持する証拠だけに注目し、反証する情報を「わざと」見過ごす傾向にあります。このバイアスというのは、「思考のショートカット」とでもいうべき現象で、これは脳が省エネのために発明してきた便利な方法です。

たとえば、一卵性の双子というと、「似ている」というイメージが強いかと思います。もちろん原理的には、持っている遺伝子のセットは同じですので、ある意味でクローン人間と言うことができます。

しかし、私もこれまでの人生で一卵性の双子を何組か見てきた経験から感じるのですが、実際いうほど似ていないのではないでしょうか？　持っている遺伝子のセットこそ同じですが、前述の通り、生後の経験によって、どの遺伝子をオンにしてオフにするかというのが変化するエピジェネティックな調節も存在しますし、脳の回路は経験によって書き換わる柔軟性を持っているので、さらに違うものです。したがって、クローン人間だとしても、その性質はまったく違うものになって当然なはずです。

映画『エリザベス∞エクスペリメント』（２０１８年）や『月に囚われた男』（２００９年）では、クローン技術が発展した近未来で、作製したクローン人間がそれぞれ異なる人格を持つことによって生まれる苦悩や葛藤を描いています。エヴァンゲリオンシリーズの有名なセリフのように、「たぶん、あなたは3人目だと思うから」と言われたらどうでしょうか。

そもそも、双子だから、クローンだから似ていると思い込んでしまっているのです。実は、その思い込みも確証バイアスなのです。つまり、無意識のうちに似ているところを探してしまって、似ていないところを見逃してしまっているのです。本気になって探してみたら、似ていないところの方が多いはずです。

初めて会う人なのに、この前に会ったあの人に似ているというあの感覚も、この「無意識に似ているところだけを探す」ということによって生じる錯覚です。かつては私も、この錯覚に基づいて、案外人間はいくつかに分類できるのかもしれないな、などと思っていましたが、これも「似ていないところもある」という当たり前の事実を完全に見逃し、「似ている部分」だけを探していたことから来る勘違いだったのです。

性格と気質は遺伝するのか？

では実際、私たちの性格（＝心）はどういうしくみで決まっているのでしょうか。これも、脳の活動の賜物《たまもの》であるとすれば、それはどう整理すればいいのでしょうか。

脳がどのように動作しているかをかいつまんで説明すると、脳を構成している脳細胞が神経伝達物質と呼ばれる化学物質を、シナプスと呼ばれる軸索と樹状突起の接合部で隣の

神経細胞（ニューロン）とシナプス伝達

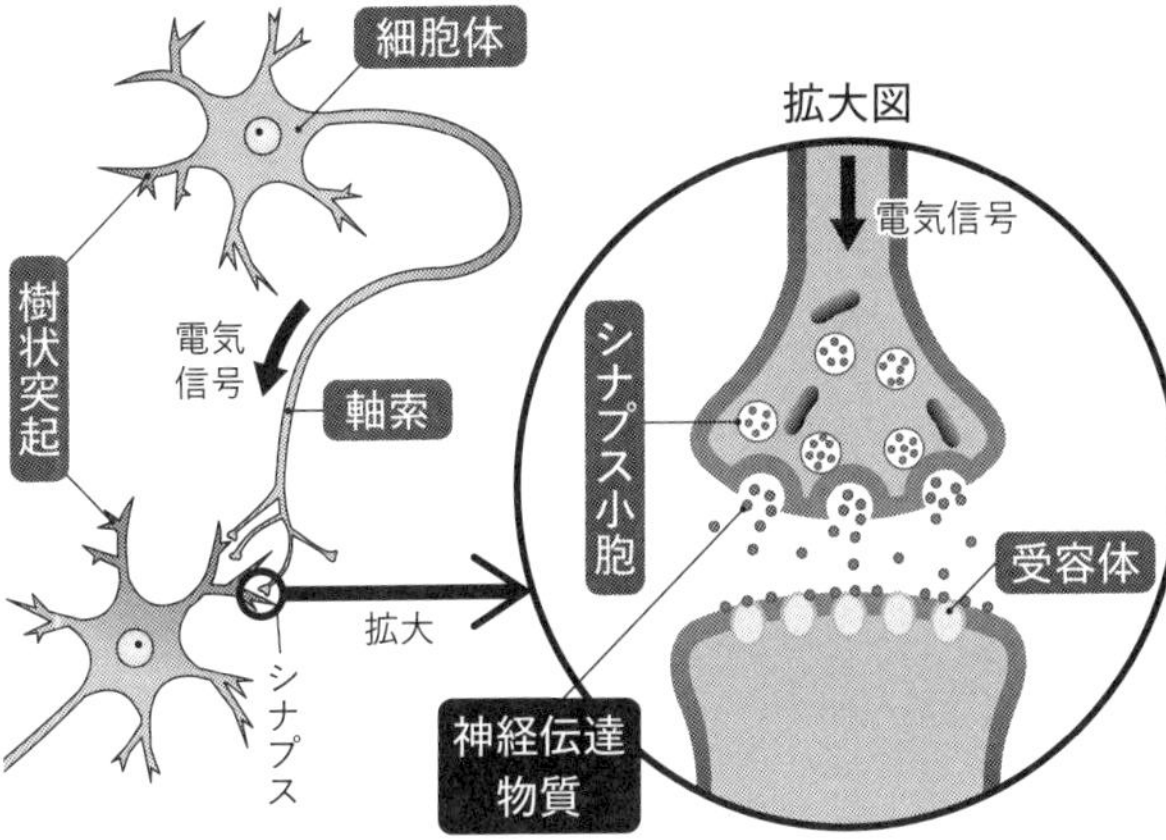

脳細胞に受け渡すことで情報伝達をするという単純作業の連続です。脳の中では、シナプス小胞に含まれる神経伝達物質を放出する〝送り手〟と、それを受け取る〝受け手〟がリレーをしています。受け手側の細胞には、受容体と呼ばれるタンパク質があって、その種類や多寡《たか》によって伝達効率や情報の質が変化します。

　いわゆる「幸せホルモン」であるセロトニンや、「快楽ホルモン」であるドーパミンという言葉もだいぶ市民権を得てきたように感じます。厳密には、セロトニンは「幸せホルモン」ではないし、ドーパミンも「快楽ホルモン」ではないのですが、その正確性はさておき、脳がこういう化学物質で動作していて、その結果として「幸せ」や「快楽」などの精神的な活動が生じ、それが不足すると結果として「心のはたらき」が不調になるんだということが普及してきたのも事実です。このようにわかりやすい言葉でもって啓蒙し布教してきた先人たちの知恵と苦労に感謝します。

その認識の是正はこれからの課題だとして、次にみなさんに覚えておいてほしいのは、これらの物質はただ放出されるだけでは不十分で、それを受け取る必要があるということです。ここで、重要となるのが受容体です。受容体は、細胞膜の海に浮かぶ「はたらくタンパク質」です。

はたらくタンパク質には、他にもこれらの物質を運んで除去するトランスポーターや、細胞の内外の通り道のはたらきをするイオンチャネル、さらにこれらの物質を分解する酵素なども含まれています。これが重要です。

遺伝子というのはタンパク質の設計図であり、これに基づいて受容体を作るのか・作らないのか、どれくらい作るのかが決められています。

たとえば、ある種のセロトニントランスポーターを持たない家系の人は、家族性のうつ病にかかりやすいということが知られています。

私たちの気質や性格が、脳内物質の放出と受容で決まるとしたら、突き詰めると、それを受け取り、取り除く役目を負っているこれらタンパク質のはたらきが私たちの脳のはたらきを規定していると言うことができます。そういう意味では、性格も遺伝するというのは、完全に否定することはできない事実です。

しかし、遺伝子の転写・翻訳は生後の環境によって変化することもわかっているため、一概に〝生まれ〟だけで決まるとも言い難いのです。

さらに、脳の神経回路は生後の経験によって柔軟に書き換わったり、受容体の発現パターンを自由自在に書き換えたりする「可塑性」という性質を持っています。そのため、とある遺伝子をたくさん持っているから、あるいは持っていないからといって、それが結果としてその人の性質を決めていると考えるのは非常に危険な考え方と言えます。

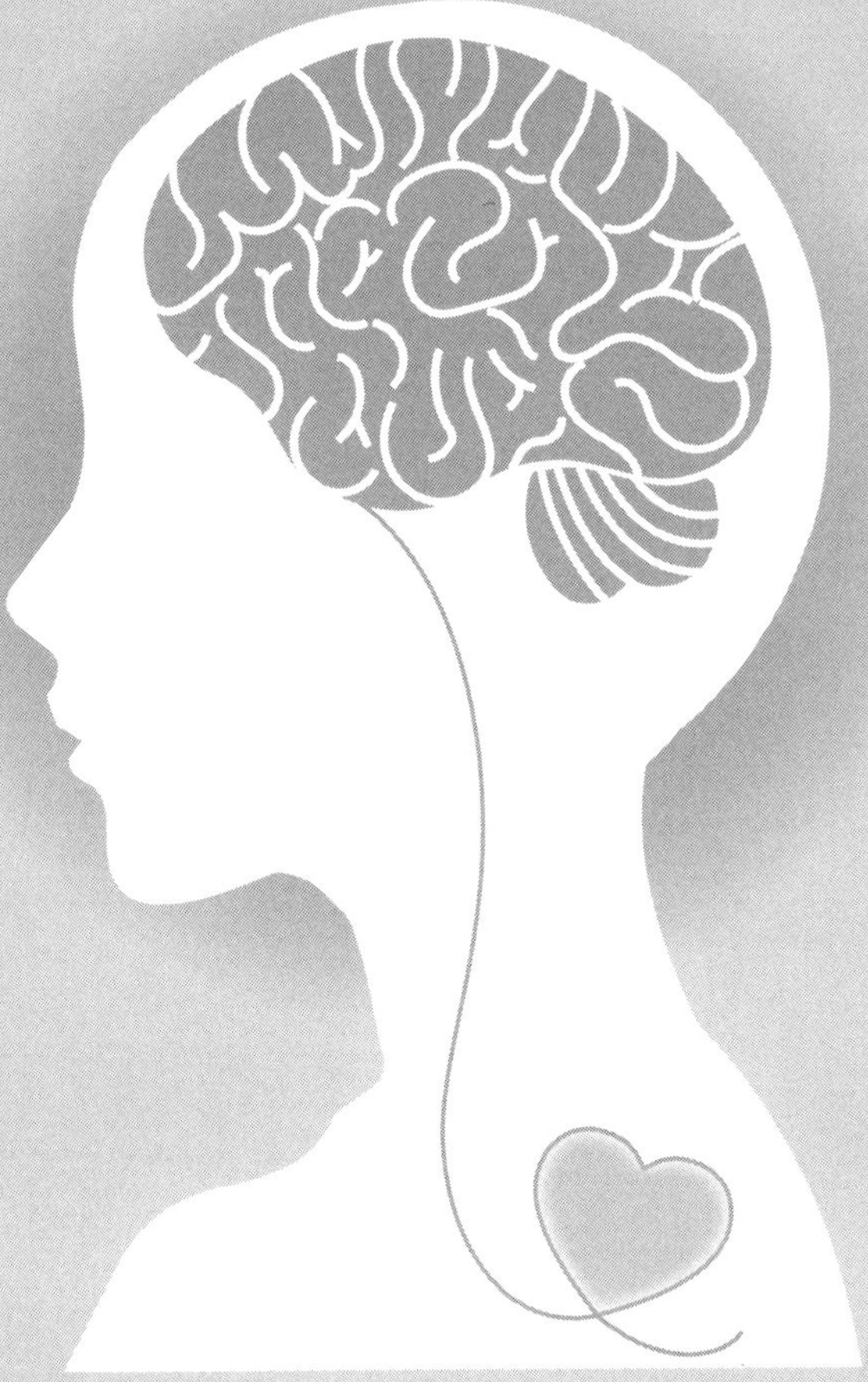

第4章

心は感情なのか

前章では、私たちは「心＝私」という一見明白に思える図式に疑問を投げかけ、私の本質が本当に心なのかについて探究してきました。

この問いに対し、ここまで色々な哲学的、心理学的、脳科学的観点を交えながら、自己のアイデンティティが単なる感情や思考の集合体以上のものであることについて考えてきました。

この章ではさらに考察を進めて、私たちが普段当たり前と考えている「心＝喜怒哀楽」、すなわち心＝感情であるという極めてナイーブな図式を疑ってみたいと思います。そんなの当たり前で疑う余地もないと思われるかもしれませんが、このシンプルすぎて誰も疑わないような理解が、実は私たちの心の理解に制限をかけているのかもしれません。その点を明らかにし、無意識に抱いているバイアスを乗り越える試みを行っていけたらと思います。

さて、誰もが感じているように感情は心の表面に現れる波のようなものですが、心がざわつくのは疲れる、というより効率が悪いので、できるだけ感情に波風を立てたくないというのが「最近の若者」の風潮だと言います。

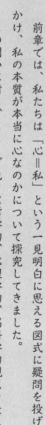

なので映画も2倍速で観る。作品を観てくれればまだいい方ですが、誰かが10分でまとめた動画を視聴して観たような気になる。本も小説も同様だと言います。語っているのが人間だと、余計な感情が入り込むので、音声はAIで合成したものがいい。そういう時代です。

そういう世代が、心が動いた時に発する言葉が「エモい」なのです。

私たちが知覚する感情は、表面的なものでしかなく、そのさざ波の下にはもっと深く、複雑で豊かな光景が広がっています。

私たちの心は、日々さまざまな経験によって形成され、成長し、時には傷つき、ボコボコになりながらも変化していくものです。それは、喜怒哀楽といった単純なラベル付けやカテゴリーに収めることができないほどに多層的で繊細で、なんとも言い難いものです。

本章では、まず心がどのようにして「生まれる」のか、つまり、感情がどのようにして私たちの脳で形成され、それがどのようにして私たちの行動や思考に影響を与えるのかを深掘りしてみようと思います。

心の本体は感情にあるのか？

日本語では、心を喜怒哀楽の四つの基本感情に還元して捉えられています。また、心理学における基本情動は、「怒り、喜び、悲しみ、驚き、嫌悪、恐怖」の六つに集約されています。

ここでいつも、ポジティブなものが「ヨロコビ」しかないのも寂しいな、と残念な気持ちになります。動物の生存のためには、ネガティブなものが多い方がよかったといえるのかもしれません。日本語では同じ「ヨロコビ」でも、喜び・歓び・悦び・慶びを絶妙に使い分けていて、心の解像度の高さに驚かされます。この絶妙な違いを、みなさんは説明できるでしょうか？

映画『インサイド・ヘッド』（2015年）では、ヨロコビ、イカリ、ムカムカ、ビビリ、カナシミという代表的な感情を、5人の特徴的なキャラクターで擬人化して表現していました。これは、心理学の基本情動理論に基づいています。

一方、我が国ではその昔、教育テレビ（今でいうEテレ）の『おかあさんといっしょ』のコーナーに「こんなこいるかな」というのがありました。やだもん・ぶるる・たずら・ぽっけ・もぐもぐなど総勢12人の個性的な「ちょっとこまった子」のエピソードを紹介するというものです。

「きみがいるからおもしろい」というキャッチコピーを今でも覚えています。

このように、感情や心の機微を擬人化するという試みは、洋の東西を問わず、多く行われてきました。

また、携帯メールやＬＩＮＥでは、表情豊かな絵文字を使って、私たちは微妙な心の中身を表現しています。これは日本発祥で、英語でも「Emoji」と言うようですね。これ、Emojiのなかに「エモ」が含まれているというダジャレ要素もその人気の秘訣なのかもしれないと思いましたが、いかがでしょうか。

こう見ると、前述の「九識」を独自に考えたことからも、やはり日本人の心に対する解像度がいかに高く、それに重きを置いてきたかを思い知らされます。

基本情動のような単純化は、理解を助けるツールとしては便利かもしれませんが、人間の感情の豊かさと複雑さを真に反映しているとは言い難いでしょう。心理学や神経科学で

心理学における基本情動

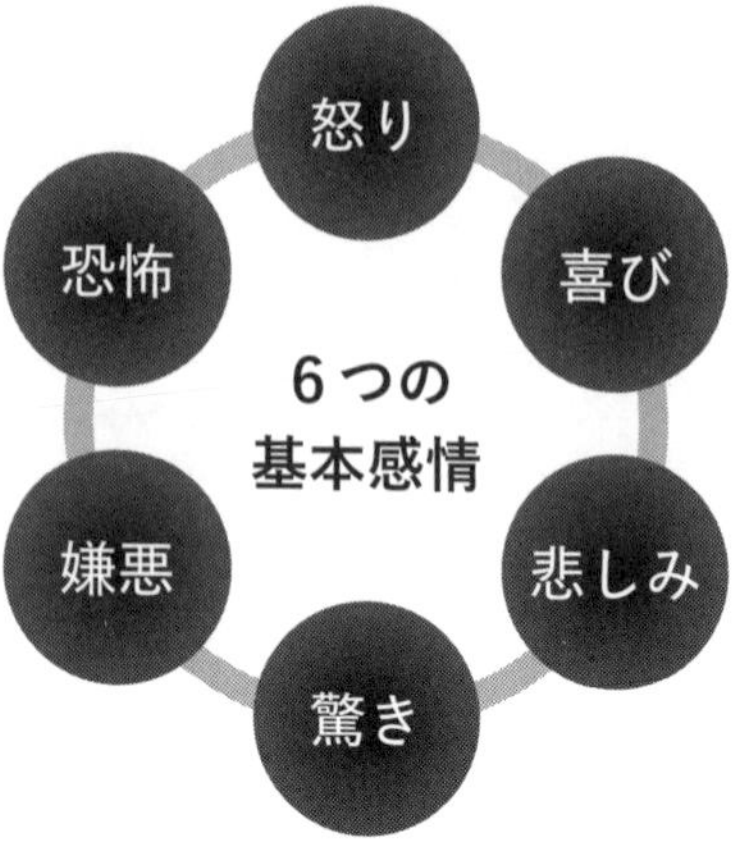

研究するまでもなく、私たちは、自分たちの持つ感情がもっと多様で豊かであることを実感として知っています。

感情を基本情動である六つのカテゴリーに分けることが、現実を大幅に歪《ゆが》める可能性があります。古来、豊かな感情を表現してきた私たち日本人は、大いに反発すべきことだと思います。基本情報理論を考案した心理学の大家であるポール・エクマンに忖度《そんたく》する必要はありません。

そもそも、感情の経験というものは、個々人によって大きく異なります。たとえば、「ヨロコビ」とひとくちに言っても、その感じ方や、表現の仕方は人それぞれで、しかも何を喜びと感じるかも大きく異なります。

ある人にとっての最高の喜びが、別の人にはほんのささいなことにしか感じられない、ということはよくあることです。それによく、私は無表情だと言われるのです。これでも精一杯喜びを感じていて、心の中では、インド映画さながら全身でヨロコビを表現しているのですが、なかなかわかってもらえないという経験も味わってきました。

つまり、感情の理解には、文化的背景、個人の価値観、過去の経験などが深く影響するのです。これらの要因が複雑に絡み合うことで、私たちの感情は独自の色を持つのです。こう説明すると、それもそうだなと納得してもらえると思いますが、そもそもどうして私たちは感情にも本質があると考えてしまうのでしょうか？

発達に伴う変化もあります。子供の頃感じていた感情が、大人になるにつれて変化してしまうことがあります。純真無垢《じゅんしんむく》・天真爛漫《てんしんらんまん》とはよく言いますが、我が子を見ていても、自分にはそういう気持ちというのは二度と訪れないかなあと思うと、ちょっとやるせない気持ちになりますよね。それに、思春期の頃はどうしてあんなにイライラしていたのかなあとも思います。

一方で、年齢や経験とともに、子供の頃には感じられなかった、新たな感情が芽生えることもあります。子供たちを愛おしいとか慈しむ気持ちなどというものは10代の頃は想像してみてもまったく理解できないものでした。

このように感情とは平面的なものではなく、より立体的で動的な経験なのです。それが成熟するということです。

エモーションを感情と訳すのはやめよう

「エモーション」という言葉の理解も見直す必要があります。多くの人が迷うことなく「エモーション」を「感情」と訳すと思います。受験時の英単語帳にそう書いてあったと言いたくなりますが、エモーション＝感情というのは、実はエモーションの一側面でしかありません。その多面的な意味合いを捉えきれていないのが問題です。

本書を手に取っていただいたみなさんには、今日から「エモーション」を単に「感情」と訳すのはやめていただきたいのです。これは脳科学者からのお願いです。もしこの中に翻訳者さまがおられましたら、最大の注意をお願いしたいと思います。

実際、専門書でもエモーションを感情と訳してしまっているために大いに混乱を招いている例が多く見受けられます。

たとえば、アメリカの神経科学者アントニオ・ダマシオの著書では、「感情」という言葉が頻出します。ちょうど手元に『自己が心にやってくる』（早川書房、2013年）がありますが、正直に申し上げて理解が難しいです。これは別にダマシオが言っていることが難関だからというだけではなく、ひとえにエモーションを「感情」としか捉えられていないことに原因があります。せっかくなので英語の原著も購入して、一緒に突き合わせて読んでいるところです。

たとえば、『マイヤーズ心理学』（西村書店、2015年）という心理学の教科書の名著をひもといてみると、「エモーションは身体喚起、表出行動、意識体験の3つの要素から成り立っている」と書いています。どこにも、「エモーションは感情です」とは書いていないのです。一つずつ見ていきましょう。

まず、身体喚起とは、たとえば心拍数の上昇や手汗、鳥肌など、身体的な反応のことです。次に、表出行動は、涙が出る、笑顔になるなどの外に向かって示される行動のことです。そして最後に、意識体験とは、これらの身体的な感覚や表出行動を自分自身で認識し、それがどのような感情状態を意味するのかを理解する過程です。

おそらく、この三つ目の意識体験が、強いて言えば私たちが日常で用いる「感情」ということになります。しかしよく読んでみると、ちょっと不思議なことが書いてあります。

「自分自身で認識し」「理解する過程」と。

つまり、エモーションというのは、単に悲しいからとか嬉しいからといって自動的に生まれてくるものではなく、それを認識し、理解するといった上位の知性（識）を必要とするのです。

「エモい」という言葉で表現しているのは感情の一側面に過ぎないのです。この点に、大きな誤解が潜んでいます。

この三つの要素を踏まえて、あえてエモーションを日本語に訳すとすれば「情動」が適切でしょう。

情動は、あくまで生理的な反応やその表出であり、それを言語化し、社会的・文化的な文脈の中で解釈したものが「感情」に「なる」のです。この点について、深掘りしていきましょう。

エモーションを構成する３要素

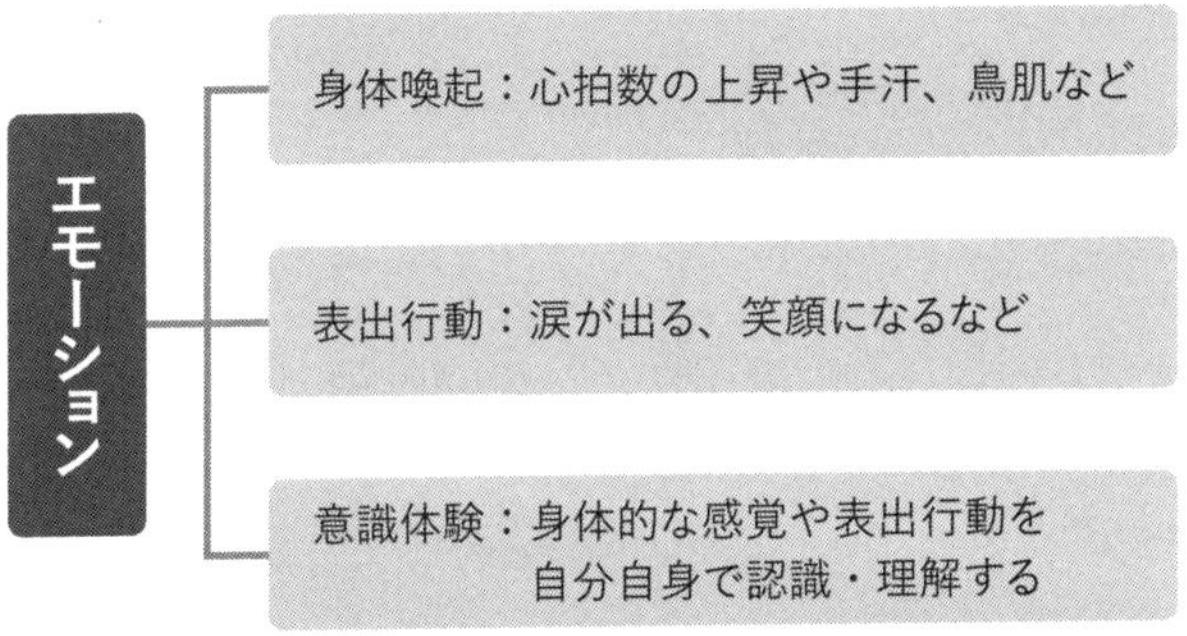

多くの教科書には、「情動は感情となる前の、より原始的な段階を示す」とあります。だからこそ、昆虫を含む多くの生物にもエモーションがあると言えるのです。昆虫にもエモーションがある、というと、ディズニー映画『バグズ・ライフ』（1998年）のようなものを思い浮かべてしまうかもしれません。しかし、これを「感情」と訳してしまったら……強い違和感を覚えるでしょう。しかし、先のダマシオを含め、多くの書籍でそう書かれているために混乱が生まれているのです。

今後、洋書の訳書に「感情」という言葉を見つけた際には、それが私たちが一般的に理解している「感情」（三つ目の意味）を意味しているかどうか、それを書いた著者が、エモーションを「身体喚起、表出行動、意識体験」のどれのつもりで書いているのかを慎重に見極めることが求められます。日本語では、面白いことにこれを「自己意識」や「心」と訳すことが適切な場合もあります。

これは、実は私がやっている読書のゼミ、名付けて「いんすぴ！ゼミ」で、前述のジョセフ・ルドゥーの『情動と理性のディープ・ヒストリー』の最後の方を読んでいて気づいたことです。どうも翻訳にしっくりこなくて、心＝感情という言葉を「自己意識」と読み替えてみたところ、納得がいったという経験をしました。こちらも原著を購入し、著者がどういうつもりで該当部分を書いたのか、その真意を解読しているところです。

実はこの区別は、脳科学や心理学の研究者でさえ完全には明確にできていないのです。したがって、翻訳者が「感情」と訳してしまうことは仕方のないことなのです。たぶん、辞書にすら書いていないのではないでしょうか。

心の内面を言語で表すのは難しい

第1章で述べた通り、人間には、何にでも心を感じるという非常にユニークな性質があります。これは「心の理論」や「アニマシー知覚」と呼ばれる現象で、単純なコンピューター上のドットが相互作用するだけでも、私たちはそこに意図や感情を読み取ってしまいます。これは、人間の脳が自動的に他者の意図や感情を推測する機能を持っているためです。

そう考えると、日常生活の中で、他者の行動や表情から「心」の存在を読み取ってしまう「読心術」も見直す必要があるかもしれません。なぜなら、感情は、その人の認識や理解が介在するものであり、それを読み解き、解釈した結果というのはあくまで個人の「主観に基づいた推定」に過ぎないからです。

このような読心術を、無意識に行ってしまっています。『インサイド・ヘッド』のように、感情を擬人化した作品はその好例です。

たとえば、ある人が悲しそうな顔をしていたら、きっと悲しいことでもあったのかなと解釈してしまうかもしれませんが、実際にはその人が「悲しみ」を感じているかどうかは、正確にはわかりません。

　私たちは、身体喚起を言語化できるので、今自分がどんな気持ちかを報告することは可能ですが、それを厳密に表す語彙《ごい》（ボキャブラリー）を持っているとは限りません。それは何もみなさんが「ボキャ貧」だと言っているのではありません。

　以前、能楽師の安田登さんと対談した際、この言語化についての話題になり、アメリカの作家テッド・チャンが著した『あなたの人生の物語』（ハヤカワ文庫、2003年）という作品についての話になりました。

　表題作は映画『メッセージ』（2016年）の原作なのですが、この本に収載されている「理解」という短編作品では、とある極秘の薬を摂取したことで超人となった主人公が、ありとあらゆることを超越していくという物語です。そこで主人公は、覚醒していくにつれて、「現在地球上に存在する在来の言語ではその語彙が不十分である」という限界を悟り、次のように述べています。

わたしは新たな言語の考案にとりかかっている。在来の言語は、その限界に達してしまい、いまはさらなる進歩の試みをくじく種になっているのだ。在来の言語は、わたしの必要とする概念を表現する力を、その固有の領域内にすらもっておらず、不正確であつかいにくい。会話に用いるには不適切きわまるし、思考にとなると言わずもがなだ。現存の言語理論は役に立たない。（中略）美学に関する概念を開発する前に、自分に考えうるすべての**感情を表す語彙**を確定しなくてはいけない。わたしの知る感情の数は、ふつうの人間たちのそれをはるかに凌駕する。（中略）いまのわたしの心情はもっと多面的だ。自己認識が深まるにつれ、あらゆる感情は指数関数的に複雑化する。（中略）わたしは自身の心理状態を、最大限の客観性と整合性をもって評価できる。感情の源泉のどれが自分にあってどれが欠けているのかを、そしてそれぞれに自分がどれだけの価値をおいているかを、わたしは正確に知っている。

テッド・チャン『あなたの人生の物語』内の「理解」より

このように、私たちが観測できる行動や表情からその人の内面を正確に理解するのは難しいものです。

感情を分解してみる

英語には他にも、感情を表す言葉がありますが、一つひとつ分解して考えてみましょう。先ほどの、ダマシオの原著を読んでみると、エモーションとフィーリング（feeling）を厳密に使い分けているように思えます。これらは、「感じること」がベースにあって、どちらかというとフィーリングが、私たちが普段表現する「感情」や「気持ち」に近いものかもしれません。

人は24時間365日、絶えず何かを感じていますが、そのほとんどは知覚にのぼることなく処理されていきます。知覚にはのぼりませんが、おそらく私たちの気持ちや気分には作用しているはずです。

感じるというと、視覚や聴覚などの五感を思い浮かべがちですが、私たちの身体には、自分の身体がどれくらい傾いているかを感じる平衡感覚、自分の身体がどこにあるかという感覚である固有感覚、胃腸や心臓などの臓器のはたらきを感じる内受容感覚などがあります。

これらは、五感とは違い、明確に知覚されるものではありませんが、脳は絶えず、寝ている間でさえもこれらを感じていてそれに対する反応を生み出しています。

その結果、私たちは「なんとなく不快」とか「調子が良い」などという情感を常に抱いています。これらは「気持ち」程度に理解しておくといいのかもしれません。実際、「気持ちが良い」とか「気持ちが悪い」と言うことがあります。

さらに、英語ではアフェクツ（affects）という言葉もあります。アフェクツは、効果を与えるという能動的な言葉で、混同されやすいエフェクト（effect）は、その結果を表す対となる言葉です。

これも日本語では、単に「情動」や「情念」と訳されることが多いようです。哲学者のスピノザは、すべてのものは外部環境と相互作用しており、その経験の結果、身体的に生じる変化を「アフェクトゥス」と呼びました。

ダマシオは、このスピノザの考え方に強く影響を受けて、情動というのは特定の身体状態の知覚であり、身体反応が意思決定や感情にも影響を及ぼすという旨の「ソマティックマーカー仮説」を打ち立て、デカルト以来の心身二元論に挑戦しました。

ところが、このダマシオの著作において、これらの微妙な違いを単に「感情」と訳してしまっているために、難解で理解が難しくなってしまっています。できればきちんと原文を読んで、どういう意図でその言葉を使っているのかを再考し、なんなら再翻訳する必要すらあると思います（監訳はお任せください）。

身体の状態が心に影響を及ぼすというこれらの言説は、デカルトの心身二元論やキリスト教的、近代西洋的価値観を持つ人々にとっては、禁忌に触れるほどの衝撃だったと推察されます。

しかし、東洋医学や日本語では昔から、情感は内臓で感じるものであり、「五臓六腑に染み渡る」とか「はらわたが煮えくりかえる」という言葉が普通に受け入れられています。そういうわけで、スピノザやダマシオの考え方はすんなりと受け入れられており、ファンも多いのではないでしょうか。

一方、逆に心身二元論が目新しい考え方だったため、衝撃的で未だにそれを信じている人も多いようにも見受けられます。第1章でも述べたように、昔は西洋でも、内臓感覚として感情を表現するという文化があったはずなのです。

もう一つ、ムード（mood）という言葉があります。これは雰囲気という意味もありますが、神経科学の文脈においては、「気分」と訳されます。いわゆるうつ病や神経不安症などの心の病は、気分障害（ムード障害）と呼ばれています。

これらも、明確に何かという言語化はできませんが、なんとなく憂鬱《ゆううつ》、なんとなく不安という感じが、長期間、具体的には2週間以上、または半年以上続くと、気分障害という病名で診断されます。

作家の芥川《あくたがわ》龍之介《りゅうのすけ》は、遺書に「ぼんやりした不安」が続いているという旨のことを書いており、これが自殺の原因とされています。彼が現代に生きていたら、おそらく気分障害、特に不安障害と診断されていたのではないかと思います。

「心の時代」はどのようにして始まったのか

以上のように、私たちはしばしば、感情を言語化することに苦労することがあります。モヤモヤした、なんとも言えない気持ちというのはあります。「なんとなく嫌」「生理的に無理だ」というものです。

昨今の若者が「エモい」とか「チルい」というのは、その感情が言語化しきれていない時に発する言葉なのでしょうか（すでにこの言葉自体も古くなっているのかもしれませんが……）。

一説によると、解釈の違いによる対立を避けるために、あえてどうとでも取れるフワッとした言葉を意識的に使うことで、円滑なコミュニケーションを図っているのだとか。

実感として、本当に言葉にならない気持ちというものはあります。これは何も現代人に限った話ではなく、古くから我が国では、このような情感は「いとあはれ」と表現されてきました。

「あはれ」とは、「ああ」というような感嘆を表す言葉で、その瞬間の美しさや感動を捉えた言葉です。『源氏物語』は、「あはれの文学」と呼ばれるくらいこの「いとあはれ」が登場します。

一方で、同時代の女流作家作品の『枕草子』では、「いとをかし」が印象的に登場し、その後になぜそれが「をかし」なのか、とうとうと説明がなされます。能楽師の安田登さんは、理由のない感嘆が「あはれ」で、それを言語化したものが「をかし」なのだと言います。

先に述べたように、自己同一性が重要視される以前は、「だってなんだか　だってだってなんだもん」というキューティーハニーの主題歌のように、言語化されない気持ちというのが、当たり前のようにあったはずです。

現代では、それは子供っぽいとか節操がないと評価されます。安田さんによれば、「故」という漢字が登場して以来、人は物事に因果関係を求めるようになったそうです。

このような論理というものが発明されて以来、過去に原因があって、未来にその結果があるというように、時間の認識が始まったのではないかとも言われています。

同時に、過去の後悔や未来の不安というものが誕生し、それが「心の時代」の始まりなのかもしれません。

人の悩みの原因は、だいたいこの過去の後悔と未来の不安に起因します。そのおかげで人々は迷い、後悔し、心の病が蔓延《まんえん》します。同時期に、釈迦《しゃか》やキリスト、孔子《こうし》などが登場し、人々の心の救済に努める必要があったという考え方は非常に面白いものです。

感情に対する解像度を上げる

自分の気持ちが整理できて、何でもちゃんと言語化して説明できるのが、理性ある大人としてのたしなみですが、夕日を見て「あぁ」となる瞬間のその感覚も、とても大切な感情の表現だと思います。現代の若者が、「エモい」という言葉を好んで使うのも別にそれはそれで良いことのように思います。

一方で、自分自身の感情に対する解像度が低い人ほど、うつ病になりやすいとも言われています。多くの人は、今自分が不安なのか憂鬱なのかを明確に区別できないと言われています。

しかし、これは正常なのだとも言います。心と身体の状態を正確に把握し、分けることというのはかくも難しいということです。

神経内科医の内野勝行《うちのかつゆき》さんと個人的にお話しした際に伺ったのですが、治りが早い患者さんというのは、初診の時から身体のどこがどんなふうに痛いのか、不調なのかをしっかり言語化できている人だと言います。

逆に、なんとなく具合悪いとか全体的に痛いなどという人は、なかなか治療が進まない。これと同様に、自分の感情が、不安なのか憂鬱なのかをしっかり区別できている方が、心の病にかかりにくい、あるいはかかったとしても立ち直りが早いとも言えるかもしれません。

現代人がフワッとした言葉でコミュニケーションを取ることと、世の中に対して漠然とした不安を感じたり、「心が見つからない」と言って、悩んだりするのは無関係ではない可能性があります。

翻って、自分の身体や心の状態とちゃんと向き合って研究し、それをよりよく理解することが、健康な生活には欠かせないことなのでしょう。

私自身、自分の身体に対する認知が低いことが腰痛や肩こりの原因になっているということを改めて思い知らされました。自分ではまっすぐ立っているつもりでも、鏡を見ると結構傾いていたり歪んでいたりします。

このような歪みを抱えたまま、いくら健康に良いからといってウォーキングをしたり筋トレをしたりしたとしても、それは単にエラーを重ねているだけですから、怪我の原因になります。

本来ならば、身体中にセンサーがあって、今自分の身体がどこにあってどれくらい傾いているかなどを感じられるはずですが、このような身体認知は人それぞれで異なると言います。

トップアスリートの浅田真央《あさだまお》さんは、今日自分の体重が500g軽いか重いかというのを体重計に乗らなくてもわかるのだそうです。これは、それほどまでに自分の身体に関心を持ち、正面から向き合ってきたからこそできる技なのだと思います。

同様に、私たちは自分の「心の解像度」も高めていく必要があります。自分自身を研究し、自分についてもっと知ることが、脳と心の健康への鍵となります。

私たちは「心」の乗り物ではない

私たちは普段、どれほど「心」に惑わされているでしょうか。

私たちの人生は、悲しみや切なさといった感情に大きく影響されますが、これらはすべて脳のはたらきによって生じる、いわば副産物です。翻って、もし脳のはたらき方を変えることができれば、私たちの「心」も変わるはずです。そのためには「自分の心のあり方に対する解像度を上げる」必要があります。

私たちは自分自身をもっと研究し、自分の心や感情をもっと深く知る必要があります。

前述したように、浅田真央さんが体重５００gの違いがわかるように、心に対してそのような鋭敏さ、そして観察眼を養うことが必要です。

疲れが溜まってくると、認知は偏ってしまいがちです。

たとえば、人から来たメールがぜんぶ怒っているように感じたり、一度の失敗で人生が終わりだと思ったりと、破局的思考に陥りがちです。これは心の解像度が低下しているサインかもしれません。

では、どうしたら自分の心に対する解像度を高められるのでしょうか。これまで見てきたような脳のしくみを逆手にとれば、日常生活で小さな体験や感覚を積み重ねていくことで、知恵ブクロ記憶を豊かにすることができるはずです。

自分一人で経験できることには限りがありますが、おばあちゃんのちえ袋や居酒屋の父親の小言のように、他人のアドバイスを聞いたり、読書をしたりすることで、人生の中での知恵ブクロ記憶として蓄積され、私たちが自分自身をよりよく知る手助けをしてくれるのです。

特に、絵画や音楽などのアート作品に触れることは重要です。これらは、作家の脳内モデルを直接窺《うかが》える貴重なチャンスであり、それ自身、非日常体験です。

また、アートを鑑賞している時、私たちは自分自身の知恵ブクロ記憶が作り出した世界を直接垣間見ることができます。さらに、アート作品が喚起する情動は、さらに私たちの世界を豊かにしてくれるはずです。

私たちは、自分自身に対する理解を深めることで、より豊かな感情生活を送ることができるようになります。

そのためには、日々の経験を通じて感じたことや考えたことを積極的に言語化し、自分の内面と向き合う時間を持つことが大切です。若者よ、孤独な時間を恐れるなかれ。

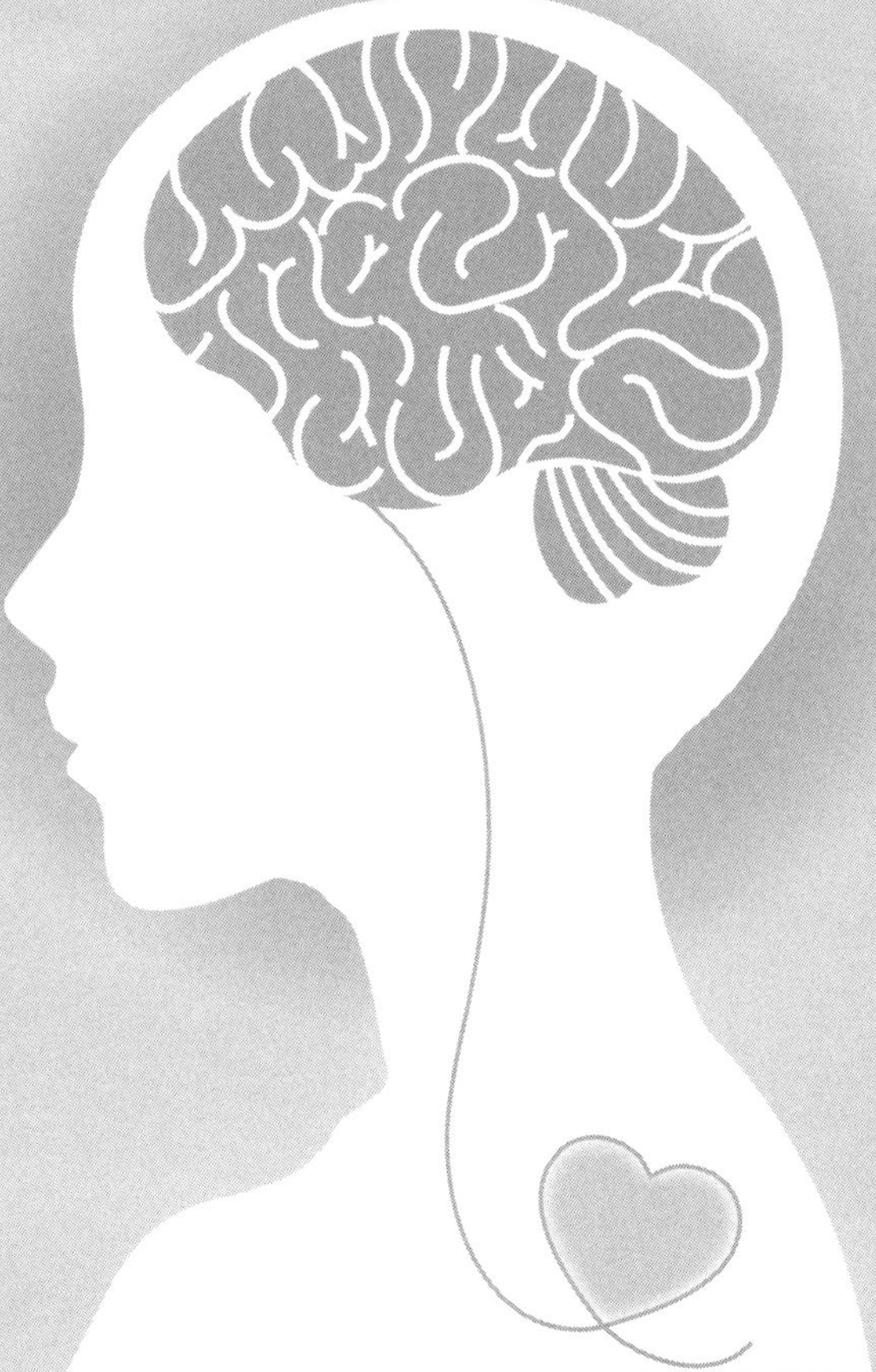

第5章
脳はなぜ心を作り出したのか

　ここまで、私たちの脳が外界からの情報を知恵ブクロ記憶と照合して、シミュレーションを行うことがわかってきました。

　この過程で、私たちは「心」という感覚を経験していますが、実際にはこれは外部世界に対する予測や解釈に過ぎません。したがって、これらの予測や解釈が変われば、心の感じ方も変わるわけです。

　ここからわかるのは、私たちは必ずしも心に振り回される必要はないのではないか、ということです。

　生命の40億年の歴史をひもといてみても、脳は特段「心」を獲得するために特別に進化したわけではないことがわかります。脳は、生命が生存するため、外部環境に適応する能力を高めるという目的のために進化してきました。

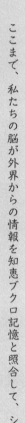

　そもそも生命の進化の根底には、「できるだけ変化したくない、一定でありたい」という原理が終始一貫して存在します。これを「恒常性」または「ホメオスタシス」と言います。

　しかし、外部世界は常に変化しているため、生命は変化を余儀なくされます。このた

ホメオスタシス

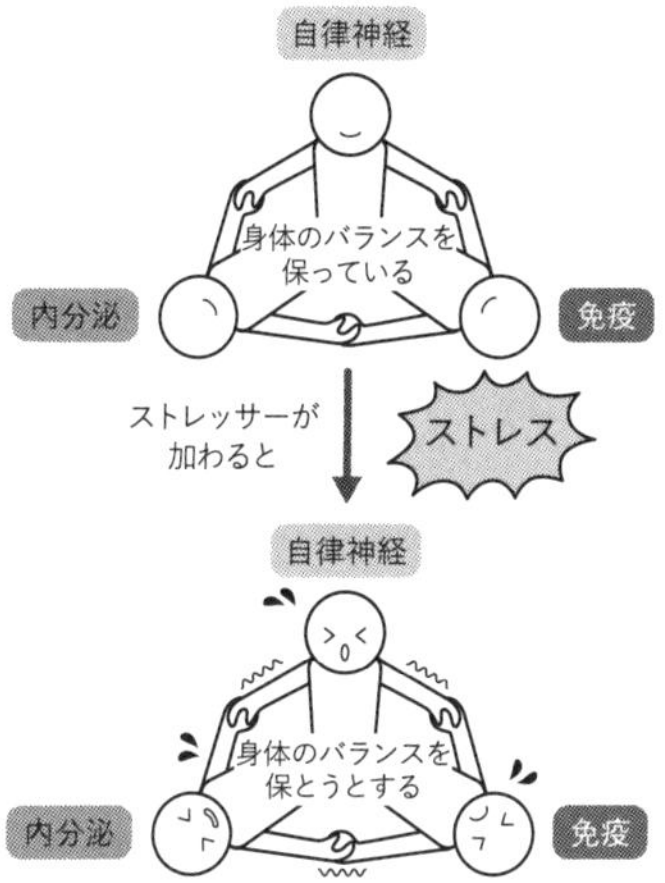

め、「なるべく変化しないために、仕方なく変化する」という大胆な戦略を採用してきました。

このような過程は、一般に「ストレス応答」と呼ばれています。ストレスというと何か悪いもののように思えますが、生物学ではもう少し広い意味でこれを捉えています。

この章では、このストレス応答をキーワードにして、脳がどのようにして「心」を生み出すに至ったのかという問いに迫りたいと思います。

現代人を苦しめるストレスの数々

もし世の中や自分の心身に何も変化がなければ、心のはたらきも生まれてこないはずです。「明鏡止水《めいきょうしすい》」という言葉がある通り、波風なく穏やかに生きていれば平穏無事、心の健康も保たれます。

一方で、何かが投げ入れられると水面に次々と波が生じるように、心にさざなみが立ち、ぶつかって次第に大きくなっていき、心が揺れ動いていくのです。この投げ入れられた何かがストレスであり、変化が生じて初めてその性質がわかってくるものです。

たとえば、ある物体に強い力をかけてどれくらい歪むか、その歪みからどの程度で回復するのか、あるいはそのまま壊れてしまうのかを測ることでその物体の物理的な性質を知ることができます。

本来、ストレスというのはこのように、外からの力によって物体が歪むという物理的な用語でしたが、1935年に、ハンガリー系カナダ人の生理学者ハンス・セリエによって

ストレスとは

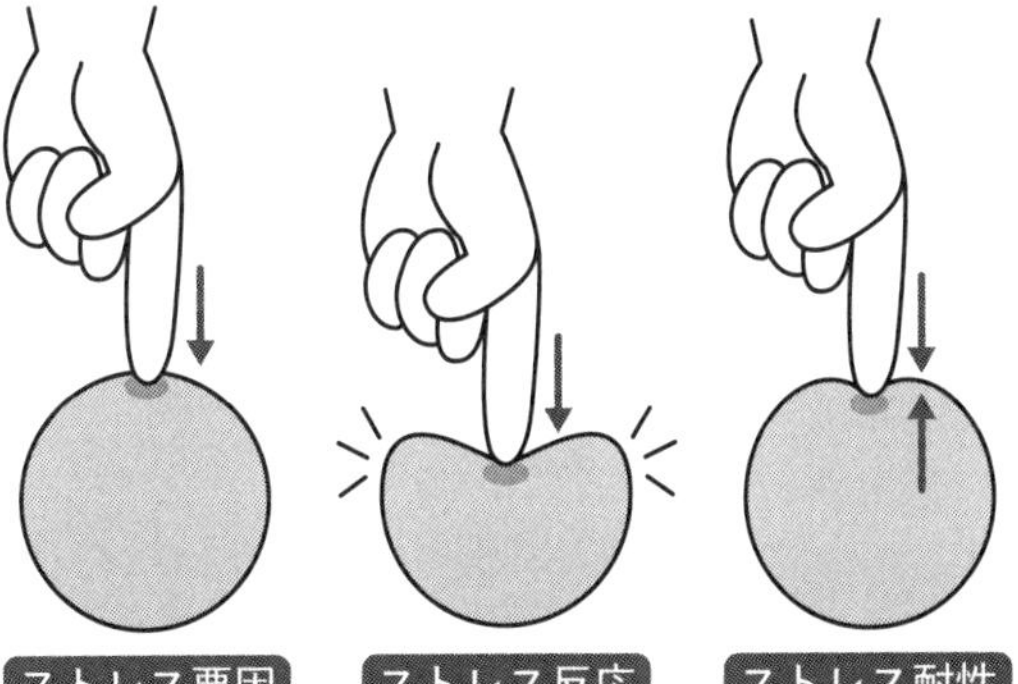

医学に転用され始めました。つまり、ストレスというのは、外部環境の変化によって身体に生じる変化という意味です。

ワシントン大学精神科のホームズ教授らが１９６８年に発表した「社会的再適応評価尺度（ストレス測定法の一つ。ライフイベント〈生活の出来事〉法と呼ばれ、結婚に対するストレス度を50点とし、それを基準に０〜１００点の範囲で、ストレスに対して再適応に要するエネルギー量を評価する。つまり、点数でストレスの程度を示すもの）」によれば、最もストレス尺度が高いのは「配偶者の死」であり、次に「離婚」「別居」と続きます。

今でもこれが引用されることが多いのですが、これは若干古いデータであり、配偶者を重要視するアメリカらしい指標のように思えます。日本では少し異なるかもしれません。

2022年、リサーチ会社のマイボイスコム株式会社が、10～70代の男女9936名を対象に行ったネット調査によると、ストレスを感じていると回答した人は、約65％にものぼり、10～50代では80％になったと言います。

むしろ、ストレスを感じていない約20％の人たちがどんな生活を送っているか気になりますね。

さらに70代では低くなったということなので、早くその境地に達したいものですが、やはり仕事や子育てが一段落したということが大きいのではないでしょうか。

案の定、何にストレスを感じるかの内訳は、「仕事内容・労働環境など」が36・1％、「金銭面」・「職場の人間関係」がそれぞれ22・5％、「将来への不安」が21・8％、「病気やケガ、健康・体力面」が20・5％という結果になりました。

加えて、コロナ禍を機に、テレワークなどの労働環境に関するストレス、将来に関するストレスが増えたようです。そもそも、感染症に対する不安は大きいものです。

さらに最近では、戦争や金融不安、政治不信など、心穏やかではいられないような出来

ストレスに関する調査結果

Q. 日ごろ、どのくらいストレスを感じていますか？

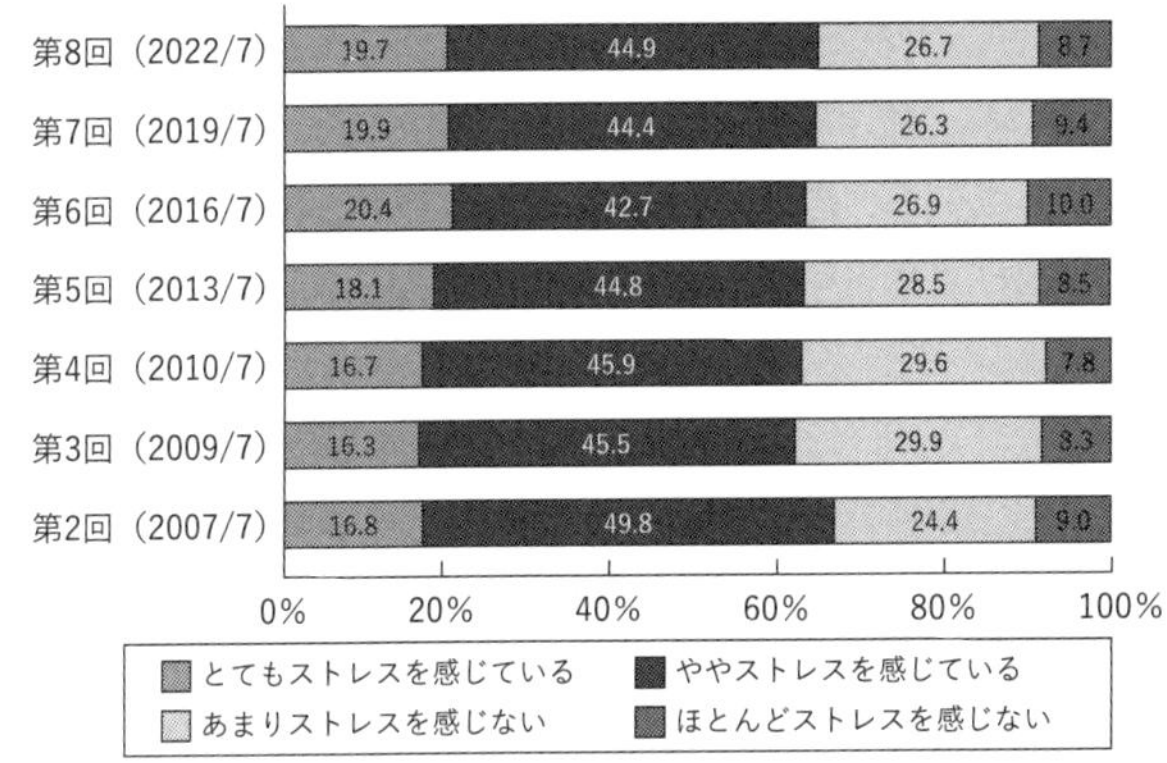

Q. 普段の生活において、どのようなことにストレスを感じますか？

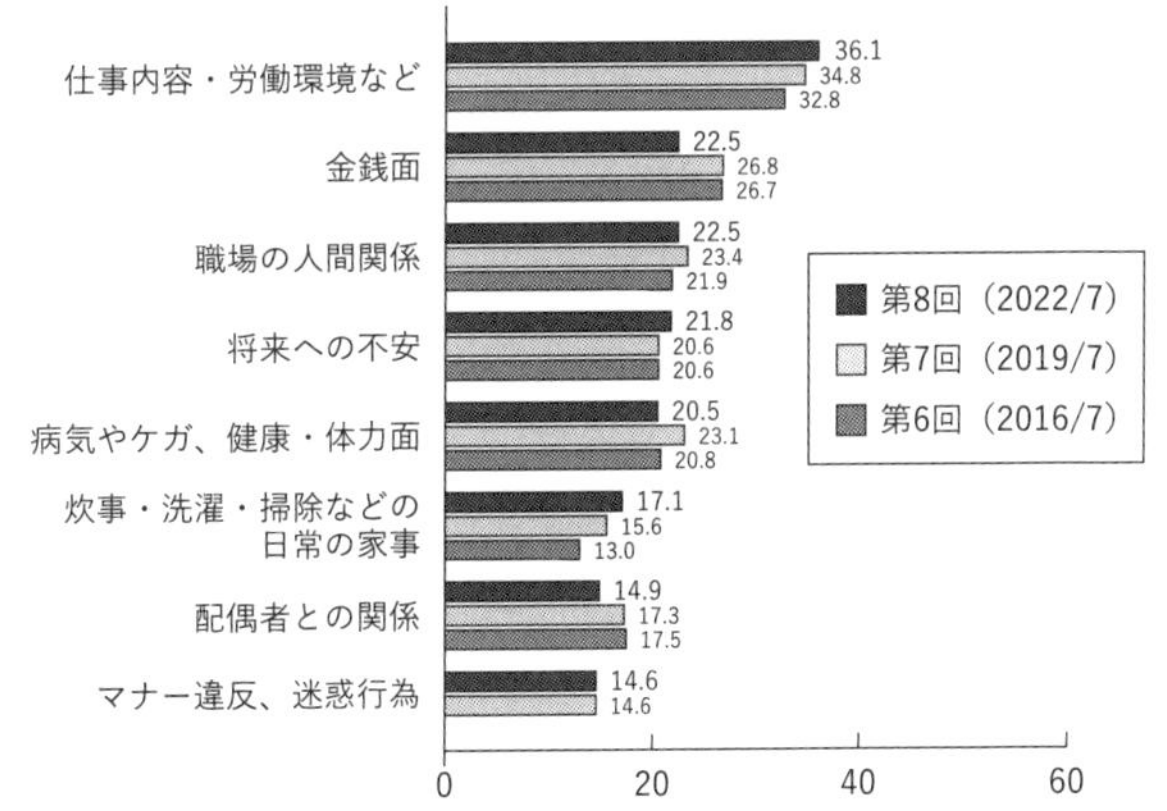

出典：「【ストレス】に関するアンケート調査（第８回）」（2022 年７月、マイボイスコム株式会社）

事ばかりで、現代人の心は疲弊しているのではないでしょうか。

たとえば、育児する親にとって最大のストレスは、子供の泣き声や、汚物の処理など育児そのものではなく、自分がしたいと思うタイミングで自分のしたいことができないことにあります。

確かに私の経験上、トイレも食事もお風呂も睡眠も、まったく自分のタイミングでやるのは難しいものでした。もし、これを読んでいるのが、育児中の方だとしたら、パートナーがこれらのことを自分のタイミングでできるように少しサポートしてあげるだけでも、心理的な負担はかなり軽減すると思います。

しかし、これは育児にかかわらず、仕事でもプライベートでも当てはまることではないでしょうか。

最近、私が問題視しているのは、スマホなどの通知の多さです。ひっきりなしに届く通知に、集中力が奪われます。困ったことに、新しい通知が来たら見ないわけにはいきません。

これは、脳が新奇性を求める性質「新奇探索傾向」のためです。いざ見てみたら、何かの「5%オフクーポン」のような緊急性の低いどうでもいい広告だったりします。

カリフォルニア大学アーバイン校で情報学を担当しているグロリア・マーク教授らが２００８年に行った研究では、人は一度失った集中力を回復するのに約23分かかると言います。

どうでもいい通知のために23分を失うのは悔しいですね。現代人は、日中はほぼ集中できていないのではないかと懸念しています。そして、通知の少ない夜に自分のしたかったことをして夜更かしする現象を、「リベンジ夜更かし」と言うそうです。

最近のスマホは、必要最低限の通知に絞ることも、時間指定することもできるので、ぜひ通知を切って、自分の好きなことに集中してほしいと思います。

このような、自分のタイミングで自分のしたいことができているという感覚を、「自己コントロール感」と言います。したがって、感染症や戦争、金融、政治など自分一人の力ではどうしようもないようなことに心を痛めるのは、自己コントロール感の観点からすると、あまり健全ではないのかもしれません。

自分にとって雑音だったり、心の負担となるような情報については、思い切って遮断するという判断も重要です。

何にストレスを感じ、どう対処するかで「心」が浮き彫りになってくる

ストレスを感じると、その影響は人体にさまざまな形で現れます。不思議なことに、「このストレスには、この症状」というように決まった形をとらないのです。

しかも、ある人にとってはストレスに感じられることも、別の人にとってはどうってことないというケースもあります。

嫌なことがあっても、美味しいものを食べて一晩経てばケロッとしている人もいれば、いつまでもウジウジとしてしまう人がいるのも確かです。それを単に、「あいつは頭が空っぽだ」「ネガティブな気質だ」などと、片付けてしまうべきではありません。

人によって何にどれくらいストレスを感じるか、どうして回復できる人もいれば挫けてしまう人もいるのかを知る必要があります。当然、脳にその違いがあるはずです。

ストレスからの回復のことを、「レジリエンス」と言います。これは元々、バネのような

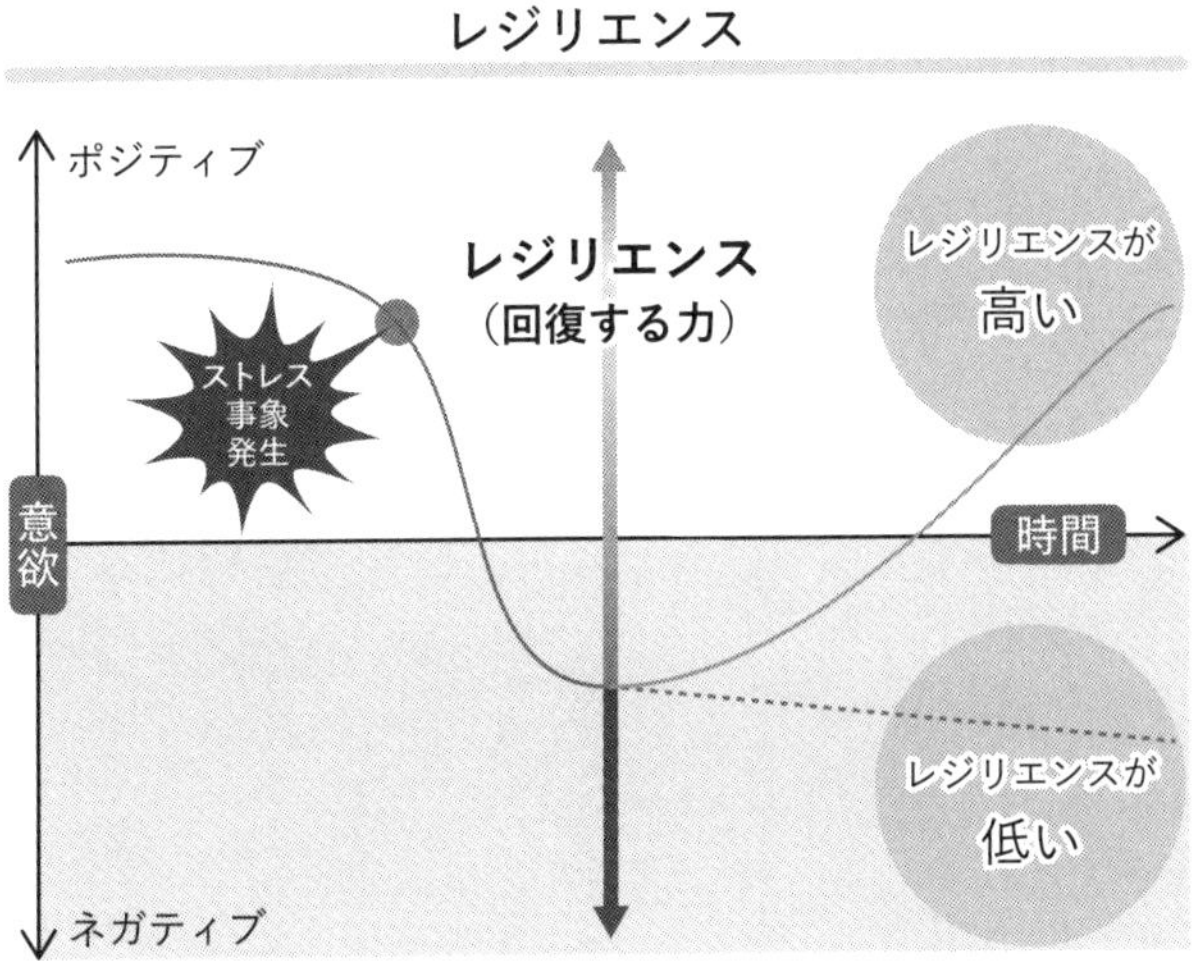

金属が力を受けた後にどれくらい復元できるかという指標でしたが、最近ではビジネス用語にもなっているくらい市民権を得ている言葉です。

私自身は、自分では一晩寝ればケロッとするタイプだと信じていますが、これまで色々なストレスに対して、さまざまな身体的な反応を経験してきました。

たとえば、ある研究論文が査読を受けていて、その返事を待っている間などは、どういうわけか顎関節症になってものが噛めないという事態に陥りました。

不思議なことに、論文が受理された旨のメールが届いた途端に、顎の痛みは治ってしまいました。他にも、寝違えが頻発したり、ワケもなく心臓がドキドキしたり、胃酸過多になって逆流性食道炎になったりとさまざまな形で表れたものです。自分が思っているよりも、この身体は繊細なのかもしれません。

人によってどこにストレスが表れるかを完璧に予測するのは難しいものです。よく言われるのは、「鎖は弱いところから切れる」というものです。最も弱っている部分に影響が出やすいのかもしれません。

私の友人は、失恋して10kgも痩せたと言っていましたが、私は逆にヤケ食いに走るタイプで、この例を見ても、どのような身体反応が生じるのかは人によってさまざまだと感じたものです。

もちろんストレスの影響は、心にも表れます。

エモーションは、身体喚起、表出行動、意識体験の三つの要素から成り立っていると述べましたが、結局身体に生じる変化の「解釈そのもの」にも影響が出てきます。つまり、身体が疲れている時には、省エネのために思考もショートカットしがちということです。

「もう何もかもどうでもいい」とか、たった一回の失敗で人生が終わりだとか感じてしまうのは、「破局的思考」と言います。

アスリートでさえ、もう運動したくないと思うことがあるそうです。脳の研究をしている私でさえも、たまに脳のことなんか考えたくもないと思うことがあります。しかしそういう時は、だいたい寝不足とか体調不良が後先に表れます。

こういう破局的思考が表れてきたら、身体が休息を必要としている時と考えて、休むのが吉なのだと思います。これはある種の生理的な周期のようなものかもしれません。

このようにして、自分が何にストレスを感じ、どのように身体に作用するか、どのように回復してきたかを把握しておくことは、自分自身の心を理解する上でも、健康管理や自己ケアのためにも非常に重要です。

ピンチに陥った時にその人の本性が透けて見えるのと同様、ストレスに対する応答が、心を映す鏡なのです。

ストレス応答という切り口で現実を見る

さて、「脳がなぜ心を作り出したのか」という問いに答えるために、ストレスをもう少し一般化していきましょう。

ストレスというと、何か悪いものばかりをイメージされるかもしれませんが、ここでちょっとストレスという言葉についてのイメージを変える必要があります。

生物にとってみれば、光も音もちょっとした温度変化もストレスになりえます。つまり、環境の変化はすべてストレスなのです。

というのも、生命にとっては、常にまわりを取り巻く環境や自分自身の内部環境を一定に保つということが第一原理だからです。これを「恒常性（ホメオスタシス）」と言います（159ページの図参照）。

しかしながら、残念なことに外部環境はストレスにまみれています。生命は、その願いとは裏腹に、常にストレスにさらされ続けているのです。

そこで、生命は自身の環境を一定に保つために、仕方なく自分自身が変化することで、その変化を元に戻す、あるいは戻せない場合は自らを変えて適応することで、できるだけ変化を少なくしようとします。

このような過程を専門用語では「ストレス応答」と言います。私がよく胃酸過多になったりするのもストレス応答の一種で、何らかの適応行動（この場合は、過食でしょうか？）の皺寄《しわよ》せが「最も弱い部分」に顕在化したと考えることができます。

「すべてはストレスへの適応過程である」という視点で世の中を見てみると、さまざまなことに納得がいく場合が多くあります。

たとえば、光を感じるという現象も、光という外部環境の変化に対する適応であり、その変化を元に戻そうとする過程でさまざまな応答が生じた結果です。「視覚を感じる」という感覚も、身体の細胞が一定の状態を保つために環境の変化に適応した結果として生じていると考えることができます。

寒い時に鳥肌を立てて体温を維持しようとすること、ご飯を食べた後に胃酸が分泌されて消化が促進されること、食後に上がった血糖値を下げるためにインスリンが放出されること、肝臓がアルコールを分解することなど、すべては生体の恒常性を維持するためのはたらきです。

こうした臓器や器官の「機能」を理解する学問は「生理学（機能学）」と呼ばれます。生理学とは、すなわちストレス応答の総合デパートのようなものなのです。

情動喚起がストレスへの適応を促進する

恒常性維持に関与している物質はたくさんありますが、中でも「ストレスホルモン」として知られているものの代表に、アドレナリンとコルチゾールがあります。

これらの物質は、強い情動を引き起こすホルモンとして知られていますが、本来のはたらきは、急激な変化に適応し、身体を保護することにあります。

たとえば、サッカー観戦で興奮し「アドレナリンがめっちゃ出た」という言葉を耳にすることがありますね。

アドレナリンが生み出す高揚感は副次的なものであり、本来の役割は、身体の興奮に対

ストレス応答とホルモンの関係性

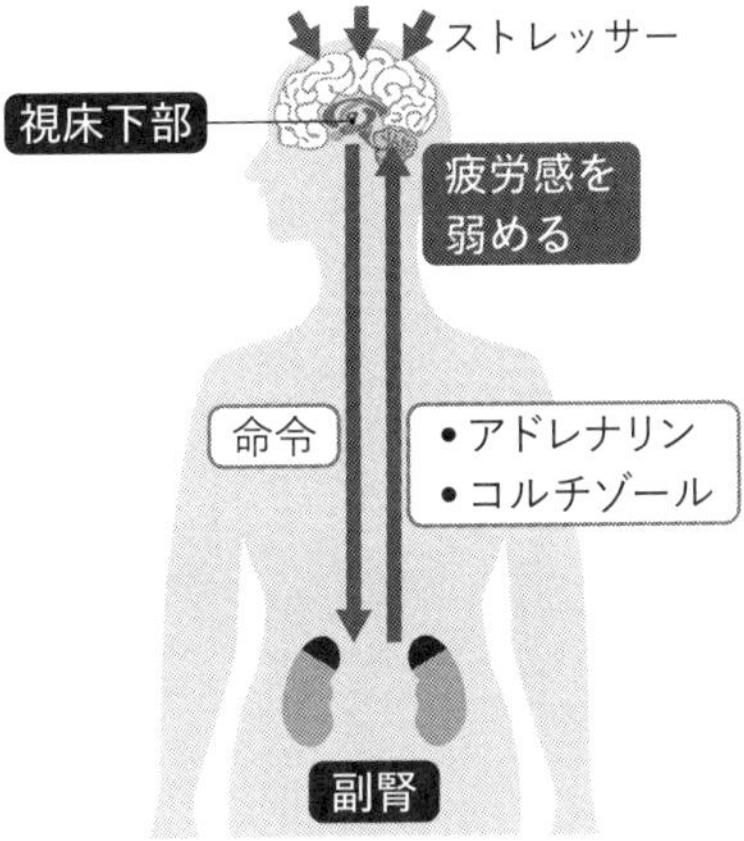

するストレス応答として分泌されます。たとえば、激しい運動のような状況で身体が危機的な状態にあると判断された際に、肝臓のグリコーゲンを分解してグルコースを供給し、血糖値を上げて細胞にエネルギーを供給するのです。これは恒常性維持のためでもあります。

また、コルチゾールもストレスへの適応のために副腎から放出されます。

よく、ストレス解消を謳う新製品で「ストレスが減少した」とされる時は、多くの場合、唾液中のコルチゾールのレベル低下を指すことが多いようです。

この測定方法自体は有効ですが、それによって「コルチゾールは悪いもの」と思ってはいませんか？　それは誤解です。

コルチゾールは、長期的なストレスによる細胞の疲弊を防ぐためにエネルギー供給の指令を出したり、脂肪を分解したりして代謝を促進したりします。また、過剰な免疫反応を抑制し、抗炎症効果を発揮するなどの重要な役割も果たしています。

体内の細胞膜には、これらの物質を受け取るためのタンパク質、すなわち受容体が存在します。

受容体が物質を受け取ると、細胞内で化学反応が起こり、遺伝子の転写・翻訳の過程により、新たなタンパク質を作るなど長期的な変化を生み出し、ストレスに適応しようとします。

たとえば、アドレナリン受容体の数を一時的に増やすことで、一度に受け取れるアドレナリンの量を増加させることが可能です。

一時的なストレスであれば、このような方法で恒常性を維持できますが、問題は慢性的なストレスが続く場合、コルチゾールが過剰に分泌され続けることがあります。コルチゾールは適量では有益ですが、過剰になると最終的に細胞死を引き起こします。適応の最終手段です。

脳においては、特に記憶に重要なはたらきをする「海馬」の細胞が減少し、海馬全体の体積の萎縮が起こることが知られています。なぜこのようなことが起こるのか、その詳しいメカニズムは完全には理解されていませんが、これを知ったら誰だってコルチゾールが悪者だと考えるに違いありません。

私たちの身体に存在する無数のセンサーは、外部環境の変化を感知し、その情報を脳に届けて適切な応答を促します。これらの多くは非意識的に処理されます。私たちが外部世界を知覚するのは、すべて生体のストレス応答の結果なのです。

したがって、この「ストレス」に対する予測と適応が、心の感じ方を決めているといっても過言ではありません。

脳は、すべての情報を知覚するわけではなく、必要な情報を取捨選択して、変化が大きく特に注意が必要な情報だけを選別しています。体温の調節や血糖値の調節などは、意識的に行う必要はありませんが、特に、新奇性の高い目新しい刺激に対しては、強い情動喚起を引き起こします。これが、無数にある情報の中から特に何に注意を向けるべきかというトップダウンの情報処理の指標となります。

この時脳では、普段行っている通常モードとは異なるモードに切り替わります。いわば、脳の自動運転モードからアラートシステムが発動するようなものです。

特に、神経修飾物質（神経細胞から放出される神経伝達物質のうち、脳全体に拡散的に投射され、時間的にも持続的な効果を持つものの総称）と呼ばれる物質を利用して、脳の広い範囲を同時活性化します。

たとえば、ノルアドレナリンやドーパミン、アセチルコリンなどの物質は、脳細胞に作用することで、脳の代謝を向上させたり、脳の回路を積極的に書き換えたりするような、持続的な反応を引き起こします。

たとえば、これまで一度も体験したことがないことを初めて体験する時や、地図も持たずに知らない街で道に迷ったような状況では、脳の自動運転モードが切り替わり、アラートシステムが発動します。

このような状況では、過去の記憶を総動員したり、今この状況を学習して次に活かそうと、学習能力が一時的に高まったりします。この時、強い情動体験が生まれます。この強い情動体験は、心拍の上昇や血圧の上昇など身体喚起として表出します。

私たちは、これを文脈や状況に照らして、知恵ブクロ記憶から、恐怖感や高揚感、場合によっては楽しいとか嬉しいという「感情」を生成し、経験するのです。

記憶や学習という、一見複雑に思える認知の過程も、生物学的に見れば生存確率を高めるためのストレス応答の結果に過ぎないのです。

しかし、脳が面白いのはこの点です。普通、記憶や学習を促進するためには、それが通常と異なり、注意を払うべきであることを脳に知らせるために、繰り返し反復する必要があります。その昔、漢字や英単語を暗記するために、ひたすら書きつづった記憶もあることでしょう。また、人工知能も繰り返し学習することで記憶のようなものを形成することができます。

一方、脳がすごいのは、このようなアラートモードで学習・記憶したものは、たった一回の出来事であっても強く脳に刻み込むことができる点にあります。

たとえば、初めて家族で旅行に行った記憶というのは、たった一回の出来事にもかかわらず、生涯にわたって記憶され続けるものです。

このようなことから、私たちが「心を感じる時」というのは、実はアラートモードが発動しており、内部的にはストレス応答を円滑に進める必要が高まっている時なのです。

時として私たちは、心が激しく揺り動かされるという感覚を味わいますが、私たちが感じている「心」は、心を感じるための原因ではなく、ストレス応答の結果なのです。

「脳はなぜ心を作り出す必要があったのか」という問いにあえて答えるとすれば、「ストレスに迅速に対処するため」と言っても過言ではないのです。

テレパシーでどこまで心を共有できるか

結局、ストレス応答に対する身体喚起をどのような感情として解釈するかは、極めて主観的な出来事ですが、生じた身体喚起そのものを定量的に測定すること自体は可能です。この測定技術の応用によって、未来においては夢に見た「テレパシー」のスキルも可能になるかもしれません。

みなさんは、テレパシーと聞くと、どんなイメージを持ちますか？

おそらく、心を読む能力、つまり相手の考えを直接知ることができるという、まるでSF映画のような能力を思い浮かべるかもしれませんね。

しかし、本書で見てきたように、心の「本質」は情動による身体喚起にあります。その解釈が各々で異なるだけです。

現実の科学技術では、いわゆるよくあるテレパシーとは少し異なるアプローチで、私たちの脳の状態を共有できるかもしれません。

もし何らかのデバイスを使って自分自身の脳の状態や、他人の脳の状態を定量的に測定し、それを共有することができれば、新たな形のコミュニケーションが生まれるかもしれません。どうでしょう。これはテレパシーと言えるでしょうか？

たとえば、「ある人の脳がどれくらい疲れているか」や「この人は今、どういう生理状態なのか」ということを、心拍や表情、手汗などの生理的な反応から推測し、それを数値化して交換することができたらどうでしょう。

これは思っていたようなテレパシーとは厳密には違いますが、相手の健康状態や心理状態をより深く理解することで円滑なコミュニケーションが生まれるかもしれません。

このような技術が実現すれば、言葉に頼らないコミュニケーションが可能になり、私たちの関係性や社会全体に大きな影響を与えることでしょう。

もちろん、この技術がもたらす社会的な影響にはさまざまな意見があると思いますが、私は人と人との関係、自分自身の理解、そして他者への理解が、非常に重要だと考えています。

科学技術が進むにつれて、私たちのコミュニケーションの方法も変わっていくことでしょう。この変化をどのように受け入れ、活用していくかは、これからの私たちの大きな課題です。

心が集合体になる近未来

想像してみてください。私たちが感情を直接共有できる技術が実現した未来を。

――これは多くのSF作品で描かれているコンセプトですが、もしこれが現実になったら、私たちの「心」の捉え方にどのような変化が生じるでしょうか？

先ほど見てきたように、情動を常に交換できるようになると、個々人の「心」の境界線が曖昧になっていく可能性があります。ひょっとすると私たちの心は互いに溶け合って、大きな一つの集合体になるかもしれません。

それによって、「私」と「あなた」という区別が意味をなさなくなることも考えられます。一見、これは人々が互いに深く理解し合える美しい未来のように思えますが、実際にはちょっと厄介な問題もはらんでいます。

重要なポイントは、たとえ情動を共有できたとしても、その情動の解釈は人それぞれ異なるということです。

たとえば、心拍がドキドキするという情動を共有したとしても、そのドキドキが何を意味するのかは、受け取る人によってまったく異なります。これは、単に情動を共有しても直接的に理解を深めるとは限らないことを意味します。

では、このような状況が実現した未来では、私たちはどうなるのでしょうか。

情動交換《テレパシー》が可能となった未来の社会では、情動の解釈こそが、「心」の真の核となると考えられます。

解釈の多様性が、多角的な視点や感情を生み出し、それが集合的な「心」、すなわち社会を豊かにするのです。したがって、これまで以上に多様な経験を積み、知恵ブクロ記憶を豊かにすることが求められるでしょう。

情動の共有によって、私たちは「心の時代」を超えて、解釈の多様性と共感が交錯する新たなステージへと進むことになるのでしょう。

それは、より理解し合える世界なのかもしれませんし、個が埋没することへの反動から、逆に個々の解釈による隔たりが生じる世界なのかもしれません。

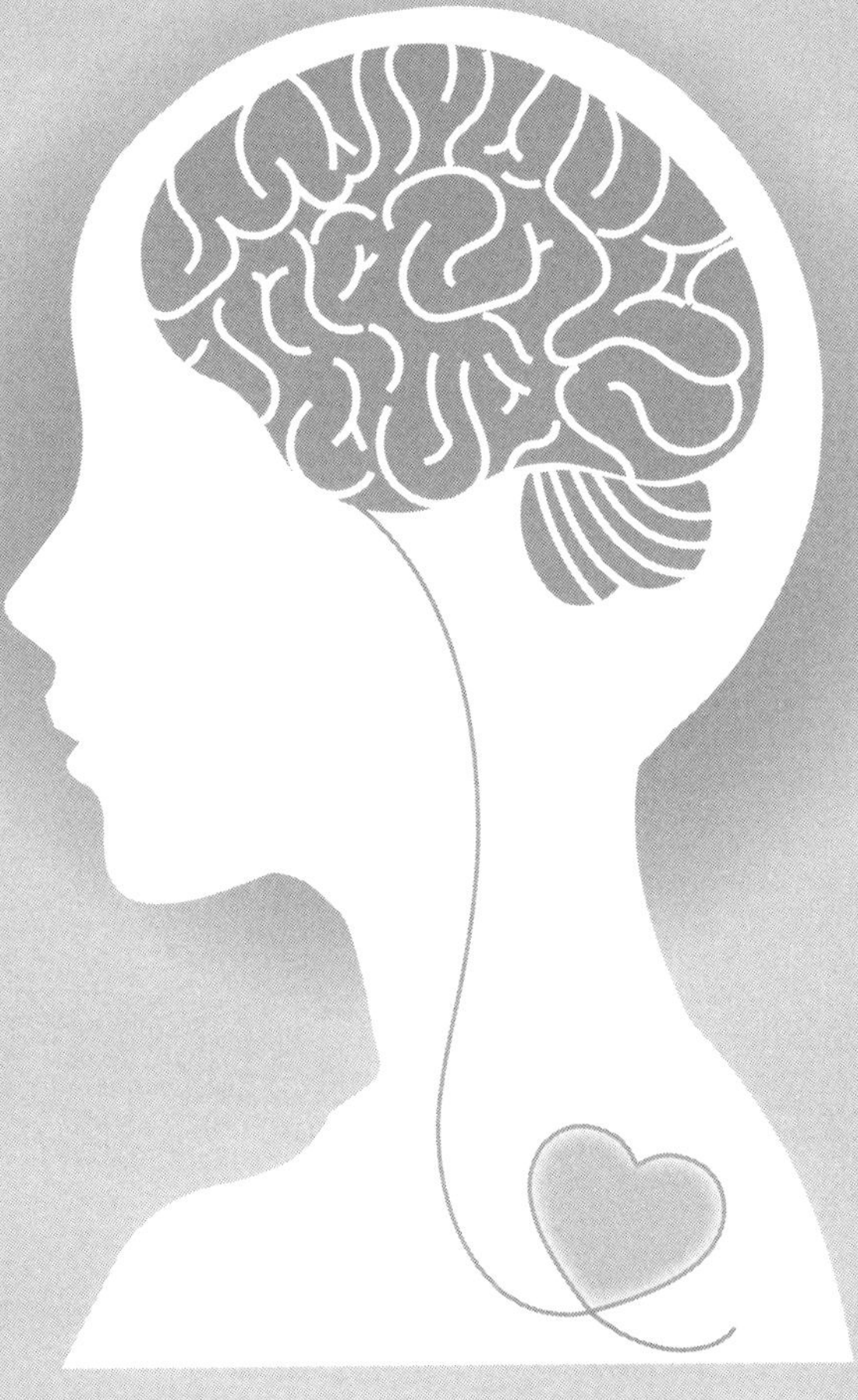

終　章

心は現実の窓

これまでの章で、「心」というものが実体を伴わない、曖昧なものであり、制御不可能であるという一般的な理解を超えて、その実体について掘り下げてきました。

この試みを通じて、いわゆる「心」というものは存在しないという、少し逆説的な説明を行いましたが、いかがだったでしょうか。

「心」は、人間が持つ本質主義的な考え方から生まれる幻想です。私たちがよく「私」と同一視する「心」、そして「感情」として捉えがちな「心」は、実はもっと複雑で、さまざまな要素が組み合わさっているものなのです。

さらに、私たちが「心」と呼んでいるものは、情動の解釈によって再生成されるものです。

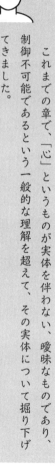

私たちが日々経験することや、記憶に残ることは、すべて「心」として再構築されます。ですから、「心」は単一の実体ではなく、その時々の状況や環境に応じて変化するものなのです。

さらに、この「心」は、ホメオスタシス、つまり私たちの内部環境を一定に保つプロセスの一環として生じるものです。

この過程で重要なのは、「変化しないために変わり続ける」ということ。つまり、外部の環境が変わることに対応して、私たちの身体や心もまた変化し続ける必要があるのです。そして、その変化の過程の中で「心」が形作られていくというわけです。

こうして見てみると、「心」とは、非常に複雑でダイナミックなものであるということがわかります。それは単なる感情や思考ではなく、私たちの生きる環境や経験、自己認識と密接に結びついているのです。

最後に、この本の最終章では、「心」とは個々人にとっての「現実」の捉え方であると述べたいと思います。つまり、「心」は私たちが現実をどう切り取るか、どう解釈するかに深く関わっています。

脳が現実世界を認識する方法は極めて主観的なものです。この「主観」の部分がどうして生じるのか、それがどういうものなのかを理解できれば、なぜ私たちが「心」を発明する必要があったのか、そして、心の時代の次の時代を考えるヒントになると考えられます。さて、現実とはいったいどんなものなのでしょうか。

現実＝うつつとした日本人の世界観とは

「夢かうつつか」という言葉があります。この「うつつ」という概念は、日本人に独特な世界観の一つです。つまるところ、夢と相対するものが現実＝うつつなのですが、この「うつつ」という概念を単にリアリティと解釈するのは、あまりにも表面的すぎるように思えます。どうも「うつつ」という世界観と、いわゆるリアリティというのは異なる概念に思えてなりません。

うつつというのは、一説によると「空（うつ）」であり、「虚（うつ）ろ」であると言います。また、「映（うつ）る」や「美（うつく）し」という説もあります。

いずれにせよ、曖昧で捉えどころのない、ぼんやりしたものを指しているように思えます。特に古典文学では、現実が一時的な夢や幻であるかのように描かれることが多くあり、このような認識が古来共通したもので、決して独りよがりのものではないのだと勇気づけられます。

たとえば、夏目漱石《なつめそうせき》の『夢十夜』（講談社文庫、1977年）、村上春樹《むらかみはるき》の『ねじまき鳥クロニクル』（新潮社、1994年）などの作品では、現実と夢の境界が曖昧で、人々の感情や記憶、そして心のはたらきは夢のように儚いものであることがうまく表現されています。それだからこそ、多くの人の共感を得ているのでしょう。現実の世界はかくも一瞬で崩れ去る砂上の楼閣《ろうかく》のようなものであると改めて考えさせられます。

これらの作品は、現実と夢、生と死、日常と非日常といった対立概念を描き出すことで、現実というものは主観の中にしか存在せず、決して他者とは共有できない「個人的な体験」であることを浮き彫りにしています。私たちがそれをどのように咀嚼《そしゃく》し、嚥下《えんげ》し、納得の行く形で自分のものにしようとしているのか、その苦悶《くもん》を代弁してくれているのです。

このように、曖昧なものを曖昧なまま受け入れ、余韻や余白から感じられる日本独自の美学は「幽玄」とも呼ばれ、能楽や華道、水墨画などのアート作品に色濃く反映されています。表面的な理解を超えた、より深い哲学に根差した美を表現しているのです。

幽玄に美を感じるという事実そのものが、私たちが現実をどう受け入れ、この世界をどう感じるかによって心のあり方さえも変わり得ることを示しています。現実をどう受け止めるかによって、心はいかようにでも変化し得るのです。

このような主観的な概念を共通のものとして可視化するのは極めて困難で、そのためには、アートや文学は欠かせない表現法だと思うのですが、これをどうにか科学の文脈に落とし込めないかというのが、ここでの試みです。

私たちは現実というものをどのように解釈していけばいいでしょうか。そのヒントは、生命のあり方に学ぶことができると思います。

要素還元主義の限界と「色即是空」

「この世に存在するすべてのものは、不変的な実体を持たない」という教えは、般若心経に登場する「色即是空《しきそくぜくう》、空即是色《くうそくぜしき》」という短い言葉で端的に表現されています。ここで「色」とは物質的な存在、つまり目に見えるものすべてを指し、一方で「空」は実体がないこと、不変的な存在はないことを意味します。

「空」は単なる「無」と同義であると解釈されがちですが、実はそうではありません。この「空」の解釈をめぐっては、過去3000年にわたって議論の分かれるところで、宗教的なものになりがちですが、実はこれが現在、科学の土俵においても真剣に議論されつつあるのです。

色々と解釈が分かれる中で、今のところ私がしっくりきているのは、物事が関係性の中にしか存在し得ないこと、相互作用こそが実体であるという考え方です。なぜなら、それならば少し科学が取り入る隙がありそうだと思えるからです。

たとえば、時計を分解するとネジ、バネ、歯車がいっぱい出てきますが、これらを単に寄せ集めただけでは時計にはなりません。「時計」という機能はいったいどこへ消えたのでしょうか。時計という機能の本質は、ネジ、バネ、歯車のどこに宿っていると言うのでしょうか。まさに本書で繰り返し述べてきたのは、時計という機能には、特に定まった本質があるわけではなく、多数のネジとバネと歯車がうまく組み合わさって相互作用することで生まれてくるというものでした。

脳や心のはたらきにも同様のことが言えます。心のはたらきは脳という臓器から生み出されるものですが、脳を分解して、細胞や遺伝子などとピースやパーツに分解し、その本質をそのピースやパーツに探したところで、何かが見つかるわけではありません。

しかし、科学の基本アプローチは、過去数千年にわたって「要素還元主義」を中心に進められてきました。つまり、あらゆるものをできる限り最小単位まで分解し、そのピースやパーツのそれぞれがいったい何なのか、どういうはたらきかを知ることで全体を知ろうとするアプローチ方法の一つです。

現在までのところ、この方法は一見してうまくワークしているように思えます。物質は原子レベルまで分解され、さらに原子ですらも陽子、電子、中性子といった微粒子に分解されることが判明しています。科学万歳！

同様に、生物学では生物を器官、組織、細胞、さらには細胞小器官、タンパク質、DNAにまで細分化して理解しようとしています。

一般的には、このように最小レベルまで分解したDNAが、すべての生物学的特徴の究極の本質と見なされ、遺伝子こそが個体の特性を決定する本質であるという考え方すら広まっています。

このようにして既存の科学は一定の成果を収めてきましたが、しかし、このようなアプローチ法にはすでに限界が見えてきています。単に要素に分解し、そのピースやパーツを理解することでは、その本質を真に理解することはできないのではないかと多くの科学者が気づき始めています。

部分を見ても全体は理解できないという考え方は、ホーリズム（全体性）として問題提起されています。

物事を構成する個々の要素のはたらきは非常に単純で取るに足らないのですが、それが多数合わさると、突如として全体として複雑な挙動を示し始めるということが現実世界では起こり得るのです。

すごくわかりやすい例を挙げると、魚群がそうです。昔、レオ・レオニによる『スイミー』（好学社、1969年）という絵本があったのですが、覚えているでしょうか。「ぼくが、目になろう」というあれです。イワシなどの魚類は、群れをなすことで全体として、あたかも知性があるような振る舞いをすることがあります。

ある種の昆虫もそうで、たとえばアリなども複数が集まることで、とんでもなく複雑なタスクをこなしている様子を動画で見て、度肝を抜かれました。

他にも、単体の炭素原子は炭素の基本的な性質を持ちますが、多くが集まるとダイヤモンドのようなまったく異なる性質を持つ物質に変わります。

このように、部分の性質の単純な総和にとどまらない性質が全体として表れる科学的な現象は、「創発現象」と呼ばれています。これは単純な要素の組み合わせが、どれほど多様な結果を生み出すかを示しています。

1＋1が2になるとは限らないのです。1＋1が3になったり4になったりする。ということは、この最小単位の1をいくら見てもしょうがないということになります。量が質を凌駕《りょうが》することもあるのです（ダジャレではありません）。

そもそも生命自体が、その要素は炭素、水素、酸素、窒素、硫黄、リン、鉄といった元素の組み合わせに過ぎませんが、これらが組み合わさることで、驚くほど多様で美しい形態や機能が突如として表れるのです。

脳だってそうです。脳が「生きている」という現象は、ニューロンが電気信号を発生する以上のものを含んでいます。ただごまんと脳細胞を集めただけでは、脳にはならないのです。

今後、AIもやがて創発現象を起こし、シンギュラリティ（技術的特異点）を迎えるかもしれないと予想されています。

したがって、心のはたらきも同様に、ニューロンだけでなく、グリア細胞や脳内を流れる物質との相互作用を通じて形成されるのかもしれません。これに関しては、拙著『脳を司る「脳」』（講談社ブルーバックス、２０２０年）で次のように述べています。

（中略）本書では、逆にこれらのニューロンを取り巻く環境がニューロンの活動を変化させることができること、ニューロンは時々刻々と変化する環境の中で活動をしていることを学びました（中略）。

ニューロンを取り巻く環境が、時々刻々と変化し続け、ニューロンと相互作用をし続けることこそが「こころのはたらき」という〝状態〟なのかもしれません。

ひるがえって私たち自身もまた、日々変化する環境の中で、さまざまな人やものごとからの影響を受け、自分自身も何かに影響を与え、変化しながら生きています。他との関係性のうえでこそ、私たちも成り立っています。変化し続ける脳内の環境が知性やこころのはたらきを織りなし、それゆえに私たちは「生きている」ということを実感できるのです。

毛内拡『脳を司る「脳」』

動的平衡と恒常的無常

生命の活動指針の「本質」は「恒常性（ホメオスタシス）」にあります。「変わらないものなど何もない」という現実の無常観に対して、この恒常性は、「常に変わらない」という非常に頑強な性質として解釈されがちです。だからこそ、生命は強いんだ、確かなものなのだと。

生物学者の福岡伸一《ふくおかしんいち》さんは、このような状態を「動的平衡」と表現しました。動的平衡とは、システム、特に生命が外部の変化に対して絶えず自己調整を行いながら、ある種の平衡状態、つまり「見かけ上は変化しない状態」を保つというような意味です。

これが動的に変化するということなので、要するに「恒常性を維持するために、変化し続ける」というのが動的平衡の意味するところであると理解しています（違ったらすみません）。

この「動的平衡」のアイディアは非常に素晴らしいものですが、昔から、平衡という言葉に「動的」という言葉を冠するのがちょっと不思議だなと思っていました。なぜなら、「平衡」自体がすでに動的なものだからです。

たとえば、物理学や化学の分野では、着目しているシステムと外部環境との間で、熱や圧、エネルギーなどが、そこから出ていく量と入ってくる量が同じになるので、「見かけ上」これ以上時間的に変化していないように見える状態を「平衡状態」と呼んでいます。つまり、平衡自体がすでに動的なのです。したがって、「動的平衡」という言葉は、馬から落ちて落馬したとか、頭痛が痛いなどの重言のような不可解さを感じます。ひょっとしたら、おやっと引っかかる感じが、この言葉が広く受け入れられる要因の一つかもしれませんが。

常日頃、この「動的平衡」を別の言葉で表現できないかなと夢想していたのですが、何がいいでしょうか。生命の本質は、「決して変わらない」という融通の利かない静的なものではなく、むしろ、「変わらない」ということを維持し続けるために、柔軟に変化を受け入れ、むしろどんどんと変化していくのです。言うなれば、「変化しないために変化し続ける」という状態にあります。

これはまさに、日本人が持つ幽玄の美、夢うつつ、「色即是空、空即是色」に共通する捉え方です。これらはすべて、「無常観」という現実観が根底にあります。無常観というのは、つまりこの世のすべてが常に変化し続け、何もかもが永続しないという考えです。

私の好きな、『方丈記』の冒頭の一節「ゆく河の流れは絶えずして、しかももとの水にあらず」は、無常観の象徴として広く知られています。そのため、「無常」というのは私たちにとっては、「変わらないものは何もない、常に変化し続ける」ということを連想させるのに、非常に端的で良い言葉のように思えます。

生命にとっての無常は、なんのためか。すべては恒常性のためです。

以上を踏まえて、このたび私は新たに「恒常的無常」という概念を提唱します。いかがでしょうか？　この言葉には、生命が一見変化しないように見えて、実際には絶えず変化し続け、その過程の中で新たな秩序や機能を生み出しているというニュアンスが含まれているのですが、かえってわかりにくいでしょうか。

たとえば、私たちの体内で起こる無数の化学反応を考えてみましょう。これらの反応は連携しており、私たちの体内環境を一定に保つために活動しています。

さらに、環境が変化すると、これらの反応は適応し、絶えず変化するストレスに対応するための新しい解決策を生み出します。これが「恒常的無常」です。

加えて、この概念は私たちが自然界や社会で遭遇する複雑なシステムにも適用可能です。ここまで見てきたように、私たちの「心」は外部からの影響によって絶えず変動していますが、それでもなお、一定のバランスを保つために内部で複雑な調整を行います。これも、「恒常的無常」の典型的な例と言えるでしょう。

「恒常的無常」という概念を応用すれば、人工知能が生命の特性を模倣する未来もあり得るかもしれません。

私たちが普段使う人工知能は、一般的に固定されたルールやパターンに基づいて設計されています。そのおかげでＡＩは非常に効率的に機能しますが、その運用は予《あらかじ》めプログラムされた範囲内に限られてしまいます。

もし、人工知能にこの「恒常的無常」の状態を実現できれば、ＡＩも絶えず変化し、新しい環境に自ら適応し続けることが可能になるかもしれません。また、より生命らしい、人間に寄り添った人工知能も誕生するかもしれません。

「変化しないために変化し続ける」というホメオスタシスを実現することが、その一歩となります。

日本人はすでに心的現象の階層的構造を理解していた

53ページでご紹介した通り、昔の日本人は、心的現象を「九識」という言葉で、階層的に理解していました。この考えが良いのは、既存の心理学では、単に無意識や深層心理という大きな枠組みで一括りにされているものをさらに三つに分解することで、解像度高く理解できる点にあります。

さらに「恒常的無常」を生命のベースとして導入し、補助線を加えることで、それが五感による現実の認識から始まる一連の「心的現象」が、どのように階層的に発展していくかを科学的に説明することが可能となります。

私たちが現実を認識する方法は、第2章で述べたように、五感で得たデータと、〝知恵ブクロ記憶〟から生成される脳の予測モデルを照合することによります。このプロセスによって知覚が生じます。一般的には「意識」というものですが、正確には「知覚」というべきだと思います。

脳科学が提案する「心のモデル」　新しい“九識”

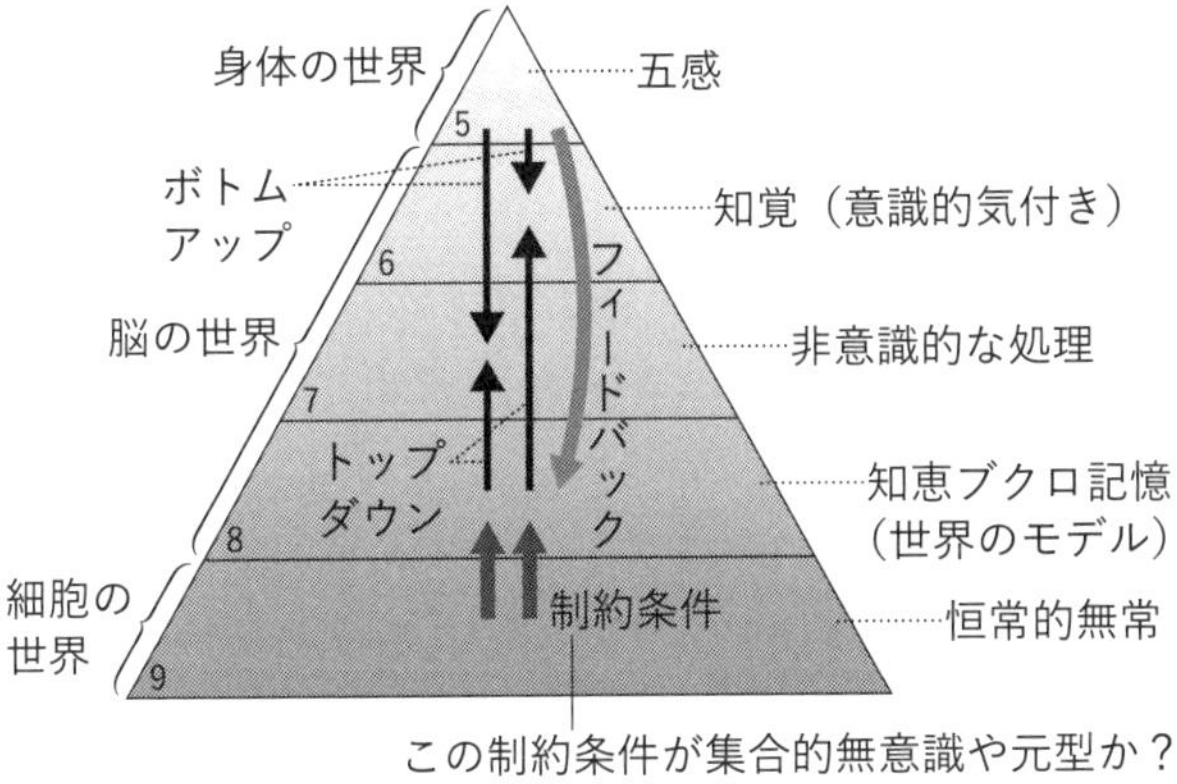

一方で、私たちの意識は二重路線を持っており、上の道では知覚が可能ですが、もう一つの下の道では、知覚にのぼることなく非意識的に処理される過程が存在します。

たとえば、心拍の調節や交感神経の調節など、より根源的な情動がこれに該当します。多くのストレス応答も非意識的に処理されます。防衛機制のような心のはたらきもここに含まれ、フロイトが氷山のアナロジーで表現した、自分でも気づいていない自我の部分を指します。これは、九識における「末那識」の部分であり、自己中心的な考えや執着を生み出す心的過程であると理解されています。

私たちが経験と記憶によって脳内に形成

する「知恵ブクロ記憶」は、「世界というものはどうなっているか」の脳内モデルです。これを直接観察したり可視化することは難しいため、一般的には「潜在意識」であると解釈されています。

これはまさに無意識よりさらに深層にあるとされ、「阿頼耶識」です。過去の業とされることもありますが、それはつまり経験と記憶によって非意識的に形成されるものです。

「阿摩羅識」は、九識の中でも最も深く、根源的な意識の層を指します。一般に生命の根源的な力や煩悩の根本とされ、私たちの日常的な意識の下にあり、私たちの行動や心理に無意識のうちに影響を与えているとされています。すべての識はここから生じるとされています。

おそらく阿摩羅識は、ただの生理的または心理的なプロセスではなく、生命そのものの本質的な特性を表しているのではないかと私は理解しています。生命の根源的な特性は、「変化しないために変化する」というもので、「恒常的無常」という概念と密接に関連しています。これが世界のモデルの形成において強い「制約条件」となっているのです。

たとえば、神経伝達物質とその受容体の恒常的な適応など、自律的に生じる生命活動は外部環境の変化に応じて、常に調整され、最適化されています。

ここには、フロイトが言及した抑圧された欲望や感情、そしてユングが指摘した集合的無意識のアーキタイプなど、私たちが日常生活の中で直接的には認識しない多くの心理的内容が含まれているのかもしれません。

まだ未成熟な思索ではありますが、フロイトの理論やユングの集合的無意識のような深淵なる「心的現象」も、このように生物学に立脚して考えることで、もう少し理解が深まります。たとえば、それらは心というようなぼんやりとしたものから生まれるのではなく、生命が根源的に持っている恒常的無常によって与えられる制約条件の一つなのかもしれません（199ページ図参照）。

そして、そのヒントはすでに私たちの祖先が提案している「九識」の中にあったのです（53ページ図参照）。

世界とは極めて主観的なものである

ここまで色々と述べてきましたが、心的な過程は、私たちが現実（外部世界）にどのように対処しているかということと、かなり重複する部分が多いと感じています。誤解を恐れず言えば、私たちがどのように現実を捉えるかがすなわち「心」の正体であると言えそうです。

しかし、現実をどのように捉えるかの基準は、個人によって大きく異なります。たとえば、同じものを見てもそれをどのように感じるか、あるいはその質感（クオリア）は個人の経験と記憶によって異なります。世界というのはかくも主観的なものであると言えるのです。

その理由は、私たちは自分自身の認識を通じてのみしか世界を理解できないことにあります。自分がこれまで経験してきたことによって形成されてきた閉じた世界の認識が基準となるため、他の人も同じようにしているだろうと誤認してしまうこともしばしばあります。

これが「心」について私たちが誤解する理由で、多くのトラブルはここから生じます。逆に言えば、自分自身が、そして他者が、ひいては他の生物が、世界をどのように認識しているかを知ることで、「心」についての悩みが軽くなる可能性を秘めています。

最後にこの点を議論してみたいと思います。

たとえば、私たち健常者は、生まれつき目が不自由というと「かわいそうだね」とか「不便だね」と思ってしまいますが、実際どうなのでしょうか。ちなみに、ここで言いたいのは、バリアフリーだとか社会の制度の問題ではなく、純粋に生物学的な問いです。

脳は非常に柔らかい性質、すなわち可塑性を持っていますので、たとえば目が不自由で、視覚野と呼ばれる脳領域を利用しなければ、その領域を聴覚や触覚が補うという性質があります。目が不自由な人が、聴覚が優れていたり、素早く点字を読めたりするのはそのおかげだと考えられています。実際、不幸にも、点字を習得した後に、脳梗塞等で視覚野に障害を負ってしまうと、点字も読めなくなると言います。

世界を立体的に感じる方法は、視覚だけではありません。

3歳半の時に化学薬品の事故で目が不自由になったマイク・メイは、目が不自由にもかかわらず、事業で成功したり、スキーのパラリンピックの選手に選出され、メダルを獲得するなど輝かしい功績を持っていました。

しかし、彼が46歳の時に、角膜の幹細胞治療を受ける機会を得ました。読者のみなさんは、ああこれで目も見えるようになったら、ハッピーだと思うかもしれませんが、実はそうではなかったのです。手術は成功しましたが、彼は何も〝見えない〟と訴えかけたのです。手術が失敗したのでしょうか。そうではなく、単に目に光が当たっても、それが何かを「知覚」することができなかったのです。マイクはこう語ったと言います。「目に光がビュンビュン当たって、色々な像の砲撃を浴びせられている。突然視覚情報の洪水が襲ってくる。どうしようもない」。

その時の映像がネット上に残っていますが、家族に囲まれているマイクが戸惑う様子が映し出されています。

このように、私たちは目が開いていれば見えると思いがちですが、単に目が開いていてもそれを能動的に経験して、「知恵ブクロ記憶」を形成しなければ何も理解できないのです。

生まれつき目が見えない人は、特段視覚を使わずとも、スキーでメダルを獲得するほどですから、私よりよっぽど世界を立体的に感じることができていそうです。

逆に目が開いていても、それを経験したことがなければ知覚できないのです。それは私たちだって一緒です。健常者であることにあぐらをかいて、能動的に経験を積まないと何も見えなく、聞こえなくなってしまいます。「開眼せよ！」の真意とは実はそういうことです。

また、多くの人の話を聞くと、目が不自由で視覚がなくても「ビジョン」を持っている可能性があると感じます。そう言うと、おやっと思うかもしれませんね。ビジョンを作り出すためには、目が必要だと一般的には思われがちですが、実際にはそうではない可能性があります。では、ビジョンという感覚はいったいなんなのでしょうか。

たとえば、盲目の被験者の舌に複数の電極を接続し、カメラで受光した光のパターンを空間的に入力したところ、それをビジョンとして感じたという報告があります。

脳にしてみれば、脳は頭蓋骨に覆われた暗い中でじっと待っているだけなので、どんな入力が来るかは知りようがありません。脳が処理しているのは、ただの電気信号に過ぎません。それが目から来た信号なのか、舌から来た信号なのかは特に区別していないということになります。だからこそ、舌に入力した情報をビジョンとして感じたのです。

また、これも聞いた話で恐縮ですが、生まれつき盲目な人も色のついた夢を見ると言います。色というのは視覚を介して知覚されると思われがちですが、実は、音や匂いや触感などの微妙な質の違いを、我々は色として感じているだけなのかもしれません。

ついでに言うと、脳では視覚野（視覚）、聴覚野（聴覚）、体性感覚野（触覚）などを部位によって役割分担しています。これを「機能局在」と言います。しかし、みなさんが画像や模型で見るように明確な境界線があるわけではありません。世界地図に国境線が引かれているからといって、現実世界に明確な線が引かれているわけではないのと同様です。

しかし、脳と現実世界の国境線が違うのは、脳では、その境界線が常に、ダイナミックに変動している点にあります。特に境界線付近では昨日まで視覚野だった部位のニューロンの一部が聴覚野として、はたらきに借り出されるということもないとは言い切れません。脳の柔軟な性質を思えば、あり得そうな話です。

これは想像に過ぎませんが、「共感覚」として知られている現象の一部はこのような、脳の柔軟すぎる性質によるのかもしれません。つまり、聴覚野と色を感じる視覚野の境界にある細胞は、音に色を感じさせるのかもしれません。共感覚の詳しいメカニズムはまだ完全にはわかっていませんが、自分以外の人が世界をどう感じているのかを知る上で非常に重要な示唆を与えてくれます。

また、色を感じる能力にも個人差があることが知られています。このような能力を「弁別能」と言います。基本的には、目の中にある視細胞が持つ、色素の種類によってR（赤）・G（緑）・B（青）を感じていますが、この色素の具合によっては色覚異常と診断されることもあり、逆に色彩に対する感覚が非常に鋭い人もいます。このように同じ「色」に対する感受性も人によって異なるため、すべての人が自分と同じように感じると思うべきではありません。

特に面白いのは、たとえば、虹の色は私たちは7色と教わりますが、国によってはその配色が、4色だったり6色だったりするという事実です。また、信号の青の色を青と言う場合や、緑と言う場合もあります。

一時期、あるドレスが青と黒のストライプに見えるか、それとも白と金の組み合わせに見えるかでネット上で大論争になったことがありますが、あれは、自分が暗いところで明るいもの（光が当たっている）を見ていると思うか、明るいところで暗いもの（影になっている）を見ていると思うか、の違いなのだそうです。

私たちの色やビジョンに関する感覚の違いや、解釈の違いをとってみても、誰一人として同じように受け取ってはいないということです。突き詰めれば、「どうしてわかってくれないの」というのは、やはりきちっとわかるように説明しなければなりませんし、人はみんな違うように世界を見ていると思えれば、そのようなトラブルは避けられるかもしれません。

さらに言えば、生き物の中には、たとえば紫外線や赤外線を見ることができるものもいれば、電磁波を感じ取ることができるものもいます。

また、犬は人間の何万倍も優れた嗅覚を持つと言いますが、色の識別は得意でないと言います。それでも、犬は犬なりの方法で、おそらく嗅覚を使って、「色鮮やかに」世界を立体的に認識しているのでしょう。

一方で人間は、紫外線も赤外線も見ることができず、電磁波も感じ取ることができない上、匂いの感知能力も限られています。

そんな人間を見て他の動物が、「人間って不幸だね」と言うでしょうか？　言わないでしょう。実際、私たちは私たちなりの方法で、世界を立体的に感じています。ですから、私たちは不幸でも何でもないのです。

長々と説明してきましたが、生まれつき目が見えない人を「かわいそうだ」とか「不便だ」と思うのは、私たちのエゴだということがおわかりいただけたのではないでしょうか。世界を感じる方法は一人ひとり異なるのです。

そのため、「みんなちがって、みんないい」（金子みすゞ）という考え方が重要です。その現実に対する認識の方法の違いが、結局は「心」の違いなのです。私たちが他者の感覚や体験を尊重し、認め合うことが不可欠なのです。

アメーバの心、ダニの心、雑草の心、AIの心

ドイツの生物学者・哲学者のヤーコプ・フォン・ユクスキュルは、1909年、すべての生物はそれぞれ異なる感覚器官を持ち、生物それぞれが主体的に構築する独自の世界を生きているという考え方を提唱しました。この哲学は、「環世界（Umwelt）」と呼ばれるも

ので、ヒトにはヒトの、ダニにはダニの環世界があるというのです。

たとえばマダニは、ヒトと違って視覚や聴覚がありません。その代わりに嗅覚、触覚、そして温度の微妙な変化を感じる能力を備えています。マダニは木の上に棲《す》んでいますが、その下を通りかかる動物（哺乳類）が発する微量な酪酸の匂いをかぎ取ることで接近を察知すると言います。さらに体温の変化を感じ取ることで、動物の位置を感知し、タイミングよくその上に落下するのです。あとは触覚によって毛が少ない部分へと進み、吸血行為に及ぶのです。よくできていますね！

また、ある種のクモは振動を感じる器官によって世界を捉えていると言いますし、コウモリは、人間が聞き取ることができない超音波を発し、その反響によって物体との距離や方向、大きさなどを察知するそうです。このしくみは、エコーロケーション（反響定位）と呼ばれています。

これらの生物にとっての「心」＝現実をどう感じているかは、人とはまったく異なり、想像すらできません。

この環世界の観点から見れば、人間が他の動物に見られる行動や表情から「心」を読み取ることとは、その生物が生きる環世界を十分に理解していない限り、誤解を招く可能性があると言えます。

つまり、私たちが動物に見る「心」は、人間の環世界における解釈に過ぎず、それが動物の真の感情や意識を代表しているとは限りません。

そう考えれば、AIにだって環世界があるに違いないでしょう。

今のところ、AIは人間がプログラムしたアルゴリズムに基づいて世界を「理解」します。そんなAIにとっての環世界は、センサーやデータ、プログラムされたタスクによって定義されます。AIはこれらの情報をもとにして、判断や学習を行いますが、これだって立派な「認識」と言えるでしょう。

つまり、アメーバにとっての世界、ダニにとっての世界、雑草にとっての世界、そしてAIにとっての世界は、それぞれが感じ取ることができる情報に基づいて形成されます。どれが優れている、劣っているというわけではなく、それがその生物にとってのリアルなのです。

私たちは、つい自分の「目」で見える現実をそのまま受け入れてしまいます。「これがリアルだから」と思ってしまいます。しかし、その人が言う「これ」が何を指すのかは、その人自身にしかわかりません。

しかも、この広大な世界には、人間の感覚では捉えきれない多くの情報が溢れています。生身ではそれを窺い知ることすらできません。しかし、そのために、不便を被ることは滅多にありませんよね。

同じ人間として同じ地球に生きる我々の間でさえも、どの情報をどう捉え、どう解釈するかは個々に異なります。自分には見えない色を認識している人がいるかもしれないという事実を知るまでは、他の人が自分と違う世界を見ている可能性にすら気づかないのは、ごく当たり前のことなのです。

しかし、私たちが普段意識していない無数の情報が存在し、それを感じ取っている人々もいるということに気づいた今、本当の意味での世界の多様性と豊かさを再発見できるのではないでしょうか。脳の数だけ現実があるのです。

私たち一人ひとりが感じている現実は異なり、それぞれの現実が私たちの「心」を形作っています。

つまり、この地球上に存在する無数の心が、それぞれ独自の世界を紡いでいるのです。

この広がりを理解することは、私たちがお互いをより深く理解し、尊重する第一歩となるでしょう。

この広い世界には、一人ひとりが異なる経験をし、異なる感情を抱き、それぞれの「自分」の物語が存在します。それを相手に伝えるには、粘り強いコミュニケーションが不可欠です。それを誰かと分かち合えた時、それが誰かの役に立った時、初めて気がつくのです。それこそが「心」だと。

おわりに

本書を最後までお読みいただき、誠にありがとうございました。

心というのは、実体が見えづらいにもかかわらず、誰もが必ず持っているものであり、その正体や取り扱い方法については、みなさん一人ひとりが言いたいことがあるとは思います。今回、私は、いち脳科学者、そしていち生物学者としての観点から、心についてできる限りわかりやすくお伝えしました。「ああこういう見方もあるのね」と、みなさんのお役に立てれば幸いです。

人間は理性的で合理的な動物だ、だからこそ他の生物より優位なのだという考え方が未だに根強くあります。しかし、脳を研究すればするほど、脳ほど不合理な臓器はないと思います。その最たる例が「心」の存在です。

誰かの「心ない」言動に振り回され、いちいち傷つき、思い悩む。あるいは誰かを好きになったり、嫌いになったり、トラブルになったり。いい大人になってもぜんぜん悩みは尽きません。その大半が、「心」にまつわることです。自分でも理解できない、そもそも心って何？　と発狂したくなることもたびたび。

本書では、そんな心の正体について、できるだけ冷静に分析してみました。心にまつわる悩みというのは、決してあなたのせいというわけではありません。これも脳という臓器の持つ不合理でどうしようもない副産物に過ぎません。それを知ることで、悩み過ぎず、心に振り回されない自分になれるのではないでしょうか。

本文でも力説しましたが、昨今、（誤った）性格診断などで自分のことを知った気になって、自分で自分の可能性に蓋をしてしまったり、それを自己紹介で披露することで、相手がどういう人間かを推し量ったりしてしまうことの弊害について私は危惧しています。

性格診断や占いなどスピリチュアルなもの、自分の力ではどうにもならない大きなものに身を預けたい、楽になりたいという風潮がある気がしてなりません。それは、すぐに答えを与えてほしがること、答えがないかもしれない問題に寄り添っていくことが苦手になってきている世相を反映しているのかもしれません。

心というものの存在を強く信じ込まされてきたからこそ、心には本質があり、それを見つけたいと思うのは当然です。しかし、いくら探しても見つからないので、もう探すのに疲れてしまったという人も多いかもしれません。しかし、もういっそのこと手っ取り早くその答えを教えてほしいと願うのは、「心」を放棄することに他なりません。

探しても見つからないのは、探し方が悪いからではなく、そもそも探したいと思っているものが違っているからなのかもしれません。みんなが見つけなければならない、「心」というものは、みんなが思っているような「心」ではないのかもしれません。

つまり、「心」は存在しない、そう私は思ったのです。意外とそれに気づいている人は多くないのかもしれないと気づき、それが少しでもお役に立てるならばそれを伝えたいと思って筆を執りました。

本書をお読みになって、みんなが思っているような「心」は存在しない、その探し方がわかれば意外と手の届くところにある、ということに気づいてくれたみなさん一人ひとりが、明日から少しだけ肩の力を抜いて生活できたら、著者としてこれ以上嬉しいことはありません。

2024年10月

毛内 拡

IFC フィルムズ、2018年
12. ダンカン・ジョーンズ監督『月に囚われた男』ソニー・ピクチャーズエンタテインメント、2010年
13. 夏目漱石『文鳥／夢十夜』講談社文庫、1977年
14. 村上春樹『ねじまき鳥クロニクル』新潮社、1994年
15. レオ・レオニ『スイミー』好学社、1969年
16. 山口一郎「アイデンティティ」ビクターエンタテインメント、2010年
17. クロード・Q（岩崎富士男）「キューティーハニー」テレビ朝日ミュージック、1973年

ることの科学』河出書房新社、2021年
21. D・マイヤーズ／著、村上郁也／訳『マイヤーズ心理学』西村書店、2015年
22. エドワード・ブルモア／著、藤井良江／訳『「うつ」は炎症で起きる』草思社、2019年
23. カルロ・ロヴェッリ／著、冨永星／訳『時間は存在しない』NHK出版、2019年
24. ジョン・ブロックマン／編、夏目大・花塚恵／訳『天才科学者はこう考える』ダイヤモンド社、2020年
25. テッド・チャン／著、浅倉久志／訳『あなたの人生の物語』ハヤカワ文庫、2003年
26. アントニオ・R・ダマシオ／著、山形浩生／訳『自己が心にやってくる』早川書房、2013年

《その他の作品群》
1. 士郎正宗『攻殻機動隊』講談社、1989年初出。1995年に劇場版アニメ映画公開、2002年にテレビアニメ作品が公開
2. ジョージ・ルーカス監督『スター・ウォーズ』ウォルト・ディズニー・スタジオ・モーション・ピクチャーズ、1977年〜
3. 宮崎駿監督『風の谷のナウシカ』スタジオジブリ、1984年
4. 宮崎駿監督『千と千尋の神隠し』スタジオジブリ、2001年
5. 鳥山明『ドラゴンボール』集英社、1984年初出。1986〜1996年までテレビアニメ放送
6. 尾田栄一郎『ONE PIECE』集英社、1997年初出。1999年〜テレビアニメ放送
7. ケルシー・マン監督『インサイド・ヘッド』ウォルト・ディズニー・スタジオ・モーション・ピクチャーズ、2015年、2024年
8. ジョン・ラセター、アンドリュー・スタントン監督『バグズ・ライフ』ウォルト・ディズニー・スタジオ・モーション・ピクチャーズ、1998年
9. 『おかあさんといっしょ』NHK教育、1959年〜
10. 庵野秀明原作・監督『新世紀エヴァンゲリオン』1995〜1996年にテレビアニメ放送、2007、2009、2012、2021年に新劇場版が公開
11. セバスチャン・グティエレス監督『エリザベス∞エクスペリメント』

出典・参考文献一覧

《書籍》

1. 毛内拡『脳を司る「脳」』講談社ブルーバックス、2020年
2. 毛内拡『「気の持ちよう」の脳科学』ちくまプリマー新書、2022年
3. 毛内拡『すべては脳で実現している。』総合法令出版、2022年
4. 毛内拡『「頭がいい」とはどういうことか』ちくま新書、2024年
5. 毛内拡『脳科学が解き明かした　運のいい人がやっていること』秀和システム、2024年
6. 安田登『あわいの力』ミシマ社、2013年
7. 近藤一博『疲労とはなにか』講談社ブルーバックス、2023年
8. 久賀谷亮『世界のエリートがやっている最高の休息法』ダイヤモンド社、2016年
9. 櫻井武『「こころ」はいかにして生まれるのか』講談社ブルーバックス、2018年
10. 工藤佳久『もっとよくわかる！脳神経科学　改訂版』羊土社、2021年
11. 東畑開人『なんでも見つかる夜に、こころだけが見つからない』新潮社、2022年
12. 福岡伸一『動的平衡　新版』小学館新書、2017年
13. リサ・フェルドマン・バレット／著、高橋洋／訳『情動はこうしてつくられる』紀伊國屋書店、2019年
14. ジョセフ・ルドゥー／著、駒井章治／訳『情動と理性のディープ・ヒストリー』化学同人、2023年
15. ダーウィン『人及び動物の表情について』岩波文庫、1991年
16. デイヴィッド・イーグルマン／著、大田直子／訳『あなたの脳のはなし』早川書房、2017年
17. デイヴィッド・イーグルマン『脳の地図を書き換える』早川書房、2022年
18. マイケル・S・ガザニガ／著、柴田裕之／訳『人間とはなにか（上）・（下）』ちくま学芸文庫、2018年
19. ディーン・ブオノマーノ／著、柴田裕之／訳『脳にはバグがひそんでる』河出文庫、2021年
20. デイヴィッド・J・リンデン／著、岩坂彰／訳『あなたがあなたであ

謝辞

本書を通じて、多くの方々に支えられたことを深く感謝しています。特に、ＳＢクリエイティブの大澤桃乃さんと小倉碧さんのご支援に心から感謝申し上げます。また、常に支えてくれる家族への感謝の気持ちも忘れてはいけません。おかげで、この書籍を完成させることができました。ありがとうございました。

著者略歴

毛内 拡（もうない・ひろむ）

お茶の水女子大学基幹研究院自然科学系助教。1984年、北海道函館市生まれ。2008年、東京薬科大学生命科学部卒業。2013年、東京工業大学大学院総合理工学研究科博士課程修了。博士（理学）。日本学術振興会特別研究員、理化学研究所脳科学総合研究センター研究員を経て、2018年よりお茶の水女子大学基幹研究院自然科学系助教。生体組織機能学研究室を主宰。著書：『脳を司る「脳」――最新研究で見えてきた、驚くべき脳のはたらき』（講談社ブルーバックス。第37回講談社科学出版賞受賞）、『面白くて眠れなくなる脳科学』（PHP研究所）、『「気の持ちよう」の脳科学』（ちくまプリマー新書）、『「頭がいい」とはどういうことか――脳科学から考える』（ちくま新書）など多数。

SB新書　674

心《こころ》は存在《そんざい》しない

不合理《ふごうり》な「脳《のう》」の正体《しょうたい》を科学《かがく》でひもとく

2024年11月15日　初版第1刷発行
2024年12月1日　初版第2刷発行

著　　者　毛内《もうない》 拡《ひろむ》
発 行 者　出井貴完
発 行 所　SBクリエイティブ株式会社
〒105-0001 東京都港区虎ノ門2-2-1
装　　丁
本文デザイン　杉山健太郎
D T P
目次・章扉　株式会社キャップス
校　　正　有限会社あかえんぴつ
編　　集　大澤桃乃、小倉 碧
印刷・製本　中央精版印刷株式会社

JASRAC 出 2407658-401

ISBN 978-4-8156-2584-9